NOUVELLE ENCYCLOPÉDIE PRATIQUE
DU BATIMENT ET DE L'HABITATION

RÉDIGÉE PAR

René CHAMPLY, Constructeur

avec le concours d'Architectes et d'Ingénieurs spécialistes

NEUVIÈME VOLUME

Pavages et Carrelages
Plafonds - Enduits et Revêtements
Peintures et Vernis

QUATRIÈME ÉDITION

Avec 86 figures dans le texte

LIBRAIRIE DES SCIENCES PRATIQUES
DESFORGES
29, Quai des Grands-Augustins, PARIS-6e

Pavages et Carrelages

Plafonds - Enduits et Revêtements

Peintures et Vernis

OUVRAGES DE R. CHAMPLY

en vente à la même Librairie

NOUVELLE ENCYCLOPÉDIE PRATIQUE

DU BATIMENT ET DE L'HABITATION

RÉDIGÉE PAR

René CHAMPLY, Constructeur

avec le concours d'Architectes et d'Ingénieurs spécialistes

NEUVIÈME VOLUME

Pavages et Carrelages

Plafonds - Enduits et Revêtements

Peintures et Vernis

QUATRIÈME ÉDITION

Avec 86 *figures dans le texte*

LIBRAIRIE DES SCIENCES PRATIQUES

DESFORGES

29, Quai des Grands-Augustins, PARIS-6e

NOTE POUR LA QUATRIEME EDITION

Au moment où nous mettons sous presse cette quatrième édition la hausse des matériaux, des divers produits fabriqués et de la main d'œuvre ne fait que s'accentuer. Nous n'avons donc pas cru devoir modifier les prix de 1914 qui figuraient dans les précédentes éditions de ce volume ; nous conseillerons simplement à nos lecteurs de bien vouloir multiplier ces prix par 6, ou même par 8 pour avoir une indication approximative des prix actuels.

R. C.

Nouvelle Encyclopédie Pratique

DU BATIMENT ET DE L'HABITATION

CHAPITRE PREMIER

PAVAGES EN PIERRE ET EN BOIS

Le *pavage* s'applique aux chaussées et aux cours extérieures ou intérieures où passent les voitures.

Les pavés sont en grès ou en pierres dures telles que le porphyre, l'arkose, le granit, en calcaire plus ou moins dur, en marbre ou en bois.

Pour faire un bon pavage, il faut que l'aire, ou sol sur lequel on l'établit, soit uniformément résistante ; un pavage fait sur un sol remblayé ne tarde pas à s'affaisser inégalement et à devenir impraticable.

En ce cas, il faut d'abord préparer le terrain par des arrosages abondants et répétés suivis d'apports de matériaux que l'on pilonne et dame fortement. L'eau fait se tasser le sous-sol et on obtient ainsi une surface assez résistante, sur laquelle on peut établir la *forme* en sable, qui recevra les pavés.

Dans certains cas, pour donner plus de résistance au sol, on le recouvre d'une *couche de béton* de cailloux et ciment portland de 10 à 15 centimètres d'épaisseur sur laquelle on établit la forme en sable. Ce procédé est très coûteux ; il n'en a pas moins été appliqué dans certaines rues à Paris, pour le pavage en grès ou en granit ; les pavés de bois sont le plus souvent posés sur une forme en béton et quelquefois sur du sable.

Le sol sur lequel on fait un pavage doit être légèrement en pente pour que l'eau s'écoule vers l'égout. Cette règle doit être appliquée au pavage des cours et des entrées de porte-cochère. Quans il s'agit d'une rue, on doit considérer qu'une pente de 5 millimètres

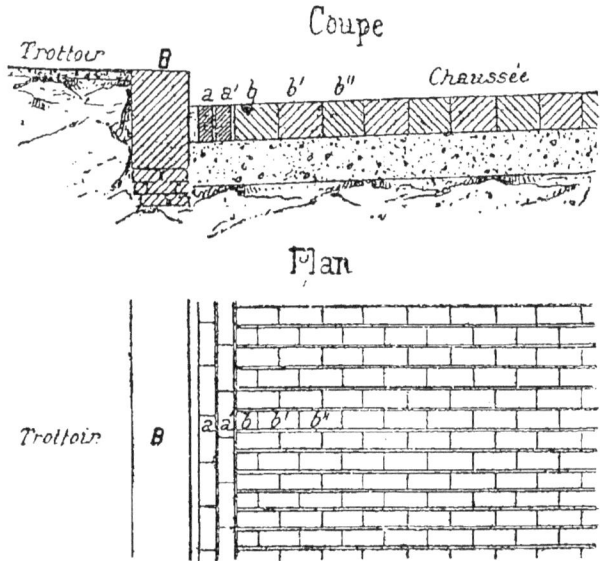

Fig. 1. — Pavage en bois.

par mètre est nécessaire pour empêcher l'eau de séjourner dans les ruisseaux ou caniveaux ; en outre la chaussée doit être *bombée*, pour que l'eau soit rejetée sur les côtés, dans un *caniveau*. On adopte pour ce bombement une pente de 2 centimètres environ par mètre, c'est-à-dire que la hauteur du dos d'âne formé ainsi est de un cinquantième de largeur de la chaussée.

Près des trottoirs, on accentue un peu la pente pour former le caniveau du ruisseau qui mène les eaux à l'égout, comme le montre la figure 1.

Dans les anciennes rues des villes de province, on trouve quelquefois le caniveau au milieu de la rue. Si la rue comporte des *rails de tramway*, on pose les pavés comme le montre la figure 2, de façon qu'ils contribuent à maintenir l'écartement des rails et ne soient jamais au-dessous du niveau de ces rails.

Pavés en grès. — Ils pèsent de 2.250 à 2.550 kilogrammes le mètre cube ; les plus lourds sont les plus durs et les plus résistants. On reconnaît la bonne qua-

Voie à doubles rails surélevés
avec traverses

Voie en rails à ornière
sur longrines

Fig. 2. — Rails de tramways.

lité d'un pavé de grès, non seulement à son poids, mais à sa *sonorité*, sous le choc du marteau, et à sa *porosité*. Si le son est sourd, c'est que le pavé est tendre ; le grès absorbe, quand on le trempe dans l'eau pendant vingt-quatre heures, une quantité d'eau variable de 1/20 à 1/50 de son poids ; plus la quantité d'eau absorbée est grande, moins le grès est bon.

Les essais de dureté se font par frottement sur des meules en fonte, avec de la poudre de grès.

Les meilleurs grès de pavage sont ceux des carrières de Seine-et-Oise ; ceux de Fontainebleau sont plus tendres.

Pavés en granit et autres. — Les *granits des Vosges*, les *arkoses d'Autun*, les *quartzites de l'Ouest*, les *porphyres* et les granits de diverses provenances sont aussi durables que le grès, mais ils donnent des pavages glissants. Les pavés en *schistes* ou en *calcaires* divers sont moins durs que le grès, ils ne conviennent que pour des passages peu fréquentés.

Dimensions des pavés. — Les pavés de grès se divisent en :

Pavés de ville, 22 ou 23 centimètres en tous sens.
Pavés de route, 14 × 20 × 16, 12 × 18 × 16 et 10 × 24 × 16.
Pavés bâtards, 16 × 20 × 10 ou 14 centimètres.
Demi-bâtards, de 14 à 16 centimètres de côté.
Ecales, méplats, refendus, de diverses dimensions et épaisseurs.
Cubiques, de 16 à 19 et demi-cubiques de 16.

Les pavés de *deux* ont la moitié de l'épaisseur des pavés d'échantillon.

Prix du mètre carré de pavage en pierre.

	Etablissement	Entretien annuel
Pavage en grès de l'Yvette sur sable	16.30	0.80
Pavage en quartzite de l'Ouest sur sable	18.50	1.10
Pavage en quartzite de l'Ouest sur béton ...	22.50	1.25

Pose des pavés en pierre. — Le sol étant estimé suffisamment résistant pour recevoir le pavage et ayant reçu les pentes et bombage nécessaires, on le recouvre d'une *forme* ou couche de sable de 10 à 20 centimètres d'épaisseur. Ce sable constitue un support élastique pour le pavé dont il répartit la charge sur une surface du sol plus grande que ne l'est la base du pavé. Le sable doit être, autant que possible, exempt de terre et de graviers ; on le tamise à la claie dont les mailles ont 5 millimètres en carré,

Avant l'emploi, le sable est mis en tas pour qu'il *perde son eau* et qu'il soit aussi sec que possible quand on fait le pavage.

L'ouvrier paveur pose d'abord les *boutisses* ou pavés touchant les bordures des trottoirs, puis il tend des cordeaux qui déterminent les rangées de pavés.

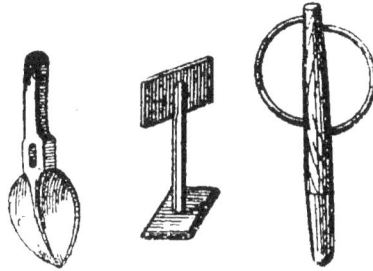

Marteau. Nivelette. Hie.

Fig. 3. — Outils du paveur.

La figure 3 montre les outils du paveur : la nivelette sert à vérifier la hauteur des rangs des pavés ; le marteau permet de creuser la forme en sable et de tasser le pavé qui doit être posé à 3 centimètres plus haut que son

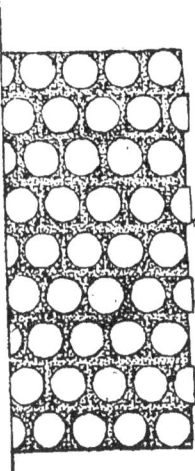
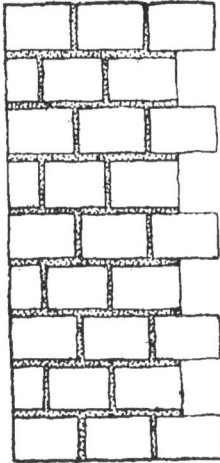
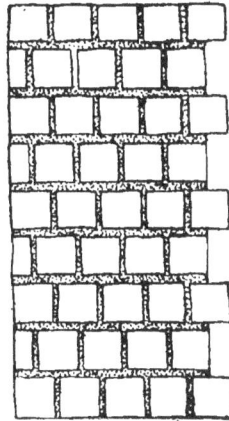

Fig. 4.   Fig. 5.   Fig. 6.

Pavages en grès ou granit.

niveau définitif. Quand les pavés sont posés, l'ouvrier fait pénétrer du sable entre tous les joints et arrose ce sable pour lui permettre de glisser dans le fond des joints ; il aide cette pénétration avec une *fiche* ; ensuite le *dresseur* enfonce également tous les pavés avec la *hie* ou *demoiselle*.

La figure 5 montre la manière de disposer les pavés à *joints croisés*.

Les pavages des trottoirs, cours et entrées, se font souvent en pavés cubiques (fig. 17) à bain de mortier de chaux hydraulique et à joints de ciment (fig. 6) ; on fait aussi ces pavages en mettant les pavés en diagonale et avec des joints continus (disposition en damier).

Coefficients d'usure. — Au point de vue du pavage, voici les coefficients d'usure des divers matériaux, les plus durs ayant le coefficient 1.

Grès de l'Yvette, de la Juine, Saint-Chéron, Epernon, de l'Essonne	1,00
Grès de Jeumont (Nord) noir	1,74
Grès de Tourcoing (Nord) noir .	2,03
Grès de Han (Belgique) gris blanc	1,68
Grès de Dinant (Belgique) noir . . .	1,83
Arkose de la Côte-d'Or	1,38
Poudingues des Ardennes	1,25
Porphyre de Saint-Raphael (Var)	3,06
Porphyre de Lessines (Belgique) . .	1,29
Granit belge	5,73
Calcaire de Tournai	5,03
Pierre de Château-Landon	11,52
Béton aggloméré de ciment	6,01
Grès céramique	9,35
Grès d'Attres (Belgique)	2,99
Grès d'Anseremme (Belgique)	1,44
Grès de Poulseur (Belgique)	3,21
Grès de Drammen (Norvège)	1,63
Granit des Vosges (Saint-Amé) . . .	1,51
Grès d'Etaples	1,61
Granits de Normandie	2,23
Porphyres de Quenast	0,70
Quartzites de l'Ouest	0,80
Arkose d'Autun	1,10
Grès d'Yvoir (Belgique)	1,88

Matériaux anglais.

Granits de Mount-Sorrel 1,36
Granits de Guernesey 1,60
Granits d'Aberdeen 1,77

Pavages en cailloux et galets. — On fait, avec les *cailloux roulés* de la mer et des rivières, un mauvais pavage désagréable aux piétons. Pour atténuer l'inconvénient des pointes sous les pieds, on choisit de gros galets dont on coupe une des pointes et on les enfonce dans une forme en sable ou en mortier, de façon que les parties plates, obtenues en tranchant le galet, forment une chaussée à peu près unie (fig. 4).

Pavage en briques. — Les briques de terre cuite peuvent fournir un bon pavage, à condition d'être assez dures. En Amérique, on emploie des briques dont la résistance à l'écrasement peut, dit-on, atteindre 2.000 kilogrammes par centimètre carré.

Fig. 7.

Les briques sont posées *sur champ*, sur une couche de béton recouvert de sable (10 à 20 centimètres de béton et 3 centimètres de sable). Le jointoiement est fait avec de l'asphalte, du goudron ou du mortier de ciment.

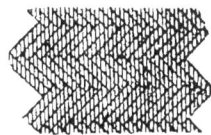

Fig. 8.

Pavages en briques.

Il faut poser les briques de façon que leur grande longueur soit perpendiculaire à la direction de la rue.

Les figures 7 et 8 montrent la manière de disposer un pavage en briques dans une cour, trottoir, passage, etc...

Matériaux employés par mètre carré de pavage.

NATURE du pavage	DIMENSIONS des pavés	Nombre de pavés pour 1 mètre carré	Quantité de sable nécessaire	Mortiers pour joints
Gros pavés de Fontainebleau ou de l'Yvette	$23 \times 23 \times 23$	17	0.10	0,03
Pavés bâtards	$23 \times 23 \times 18$	24	—	0,04
Pavés de deux de Fontainebleau ..	$19 \times 19 \times 19$	20	—	0,04
Pavés de deux de l'Yvette	$18 \times 18 \times 10$	24	—	0,04
Pavés cubiques	$16 \times 16 \times 16$	37	—	0,06
Pavés méplats	$14 \times 14 \times 8$	49	—	0,06
Brique à plat	$22 \times 11 \times 5,5$	38	—	0,01
Brique sur champ ..	—	72	—	0,03
Brique debout	—	143	—	0,053

(Le mortier pour aire en béton est à compter en sus).

Poids des pavés en grès ou granit

Pavés de route.

$14 \times 20 \times 16$ .... 11 kgr.
$12 \times 18 \times 16$ .... 9 kgr.
$10 \times 24 \times 16$ .... 10 kgr.

Pavages en briques

Echantillons divers.

Bâtards 18 à 20 .... 16 kgr.
Demi-bâtards 14 à 16 .... 14 kgr.
Deux 10 et 12 .... 10 kgr.
Ecales 6 à 10 .... 7 kgr.
Méplats de 19 .... 10 kgr.
Méplats de 16 .... 5 kgr. 500
Méplats de 14 .... 4 kgr.
Cubiques de 19 .... 17 kgr.
Cubiques de 16 .... 10 kgr.
Demi-cubiques de 16 .... 7 kgr.

Bordures de trottoirs non smillées.

23 × 35 . . . . .   *Le mètre linéaire*   200 kgr.
20 × 28 . . . . .   —   150 kgr.
16 × 25 . . . . .   —   100 kgr.

Pavages sur béton. — Lorsque le sol est recouvert d'une épaisseur de 10 à 20 centimètres de béton de ciment, ou de chaux fortement hydraulique, le pavage posé sur cette aire est bien plus indéformable que lorsqu'il repose directement sur le sol.

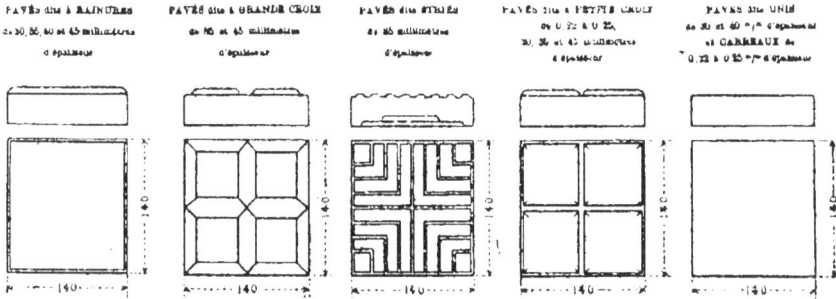

Carreaux céramiques pour pavages.

Fig. 9.   Fig. 10.   Fig. 11.   Fig. 12.   Fig. 13.

Cependant, afin de conserver au pavage, fait en matériaux durs, une élasticité convenable, il faut recouvrir le béton d'une forme en sable fin de 5 à 10 centimètres d'épaisseur ; le pavé de pierre directement sur béton n'a pas l'élasticité nécessaire pour constituer une chaussée agréable à la marche. Il en est autrement des pavages en bois qui possèdent par eux-mêmes une élasticité suffisante et que l'on pose directement sur béton.

Pavages en liège. — Les pavés de liège sont constitués par un *aggloméré* de liège et d'asphalte ou goudron : ils se posent sur bitume ou sur béton et conviennent pour les cours, écuries, passages intérieurs, etc., ils ne sont pas glissants ni sonores, ce qui les rend agréables dans les habitations. Prix de revient : 25 francs le mètre carré environ.

Pavages en céramique — Les pavés en *grès cérame* ne sont que des carreaux assez épais pour pouvoir résister au roulement des voitures ; ils sont lisses ou striés comme le montrent les figures 9 à 14 ; l'épaisseur varie de 30 à 70 millimètres, selon les charges que l'on prévoit pour ces pavés.

La pose se fait sur une aire de béton, à bain de mortier de ciment portland.

Il en est de même de tous les pavés artificiels en compositions quelconques comprimées, à base de ciment, ou vitrifiées, dont le nombre est considérable, citons ceux en *basalte fondu* qui sont très bons.

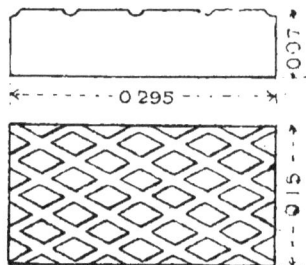

Fig 14 — **Brique de grès non glissante**

Pavage en ciment. — Les pavages en ciment des villes de France, Grenoble en particulier, sont obtenus comme suit :

1º Un lit de sable et gravier de 10 à 15 centimètres ;
2º Une couche de béton de 20 centimètres ;
3º Une couche de mortier de ciment de 5 centimètres ;
4º Une couche de mortier de ciment de 3 centimètres.
(1 ciment Portland artificiel, 1 de sable silicieux lavé).

Le mortier est employé à consistance de sable humide et pilonné jusqu'à ce que la surface soit luisante ; on trace les joints et on boucharde avec le rouleau. Après prise suffisante, on recouvre de sable sec pour protéger contre les chocs. Au bout de quinze jours, on livre la chaussée à la circulation des voitures. Les frais de premier établissement seraient de 9 fr. 50 par mètre carré.

L'emploi de *ciment alumineux* dit *ciment fondu* donne une résistance suffisante en deux jours.

En Amérique, on décompose ces deux couches en dalles de 5 décimètres carrés. Les blocs de béton de 12 centimètres d'épaisseur sont à 1 de ciment pour 4 de sable ; les blocs de ciment de 8 centimètres d'épaisseur sont à 1 de ciment pour 1 de sable.

Pavage en petits pavés. — L'Allemagne emploie depuis longtemps un mode de pavage spécial en petits pavés, et nos provinces d'Alsace et de Lorraine fournissent de nombreux exemples de ce revêtement. Il existe en particulier, depuis une quinzaine d'années, devant la gare de Metz et les résultats qu'il a donnés sont particulièrement favorables.

Les petits pavés de 8 à 10 centimètres sont en basalte, melaphyre ou granit.

La qualité du basalte étant très variable, le petit pavé de granit a la préférence.

Les avantages de ce mode de pavage sont non seulement la solidité, mais son caractère esthétique et sa douceur pour le roulage ; il est *antidérapant.*

Il s'use normalement, en surface plane, et non en surface ronde comme le gros pavé.

Il est beaucoup moins coûteux que le gros pavé. Un wagon de 10 tonnes permet de faire 50 mètres carrés de pavage, alors que le gros pavé ne fournit que 28 mètres carrés.

Le prix de revient est évidemment variable suivant les endroits, à raison du transport des pavés et des matériaux secondaires, comme le sable.

Si l'on prend comme cas type celui d'un lit préparé, là où le pavage en gros pavés de granit revient à 55 francs le mètre carré, il ne sera plus que de 35 francs avec les petits pavés de granit.

On a d'ailleurs une idée très nette de la différence, si l'on remarque que le petit pavé revient à plus de 25 p. 100 moins cher sur wagon-départ carrière et que, par suite de la plus grande étendue du pavage pour

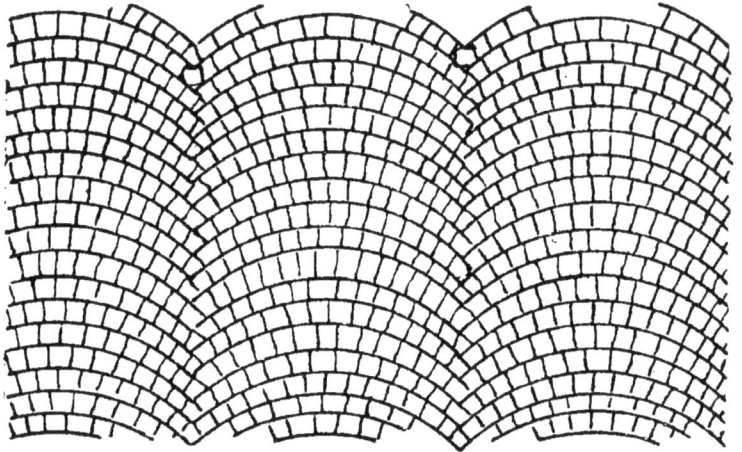

Fig 14 *bis* — Petits pavés

un même tonnage, les frais de transport sont sensiblement moindres.

La pose des petits pavés se fait en éventails (fig. 14 *bis*).

Cette pose est aussi peu coûteuse que possible.

Alors que les gros pavés exigent l'enlèvement d'une couche d'environ 50 centimètres, qu'un lit de sable de 15 à 20 centimètres est nécessaire, qu'il faut choisir préalablement les pavés pour obtenir des joints réguliers, rien de pareil avec les petits pavés.

Le pavage en petits pavés qui n'ont pas besoin d'être choisis, exige seulement un lit solide. Plus le lit de dessous est ferme, plus le pavage est solide.

Si l'on prend une route à charger en petits pavés, on commence par pratiquer un arrachage soit de l'empierrement, soit du macadam, de 15 à 18 centimètres de profondeur. On passe ensuite le rouleau pour donner la forme exacte de la chaussée. Sur la fondation ferme ainsi obtenue, on fait un lit de sable de 2 à 3 centimètres, sur lequel on pose les petits pavés. A Paris, on pose sur forme en béton avec 3 centimètres de sable.

Les réparations et les ouvertures des tranchées sont extrêmement faciles avec ce mode de pavage, en raison de sa faible épaisseur.

Pavage en bois. — L'ancien système employé pour le pavage en bois comporte une aire générale en sable sur laquelle on applique un revêtement mince en voliges placées transversalement. Sur ce revêtement, formant une surface bien continue et affectant le bombement que la chaussée doit présenter, on place les pavés en bois goudronné. Les lignes de pavés présentent entre elles, transversalement à la chaussée, des intervalles de 10 à 15 millimètres, maintenus à la partie inférieure des pavés au moyen de tringles carrées en bois, couchées sur le revêtement général en volige. Enfin, dans les intervalles ou lignes transversales des pavés, on coule un mélange de goudron et de gros sable qui reflue sur les pavés en bois et forme une surface dont on atténue la propriété glissante en y jetant à la pelle du gros sable pendant que le goudron n'a pas fait entièrement prise.

Ce système a d'abord été appliqué à Paris. Il formait une chaussée glissante, très dangereuse pour les chevaux, et l'usure très irrégulière donnait lieu à des flaches qui rendaient la circulation difficile. De plus, la chaussée ne pouvait résister à la pression des lourdes voitures, la plate-forme en volige se brisait facilement parce qu'elle reposait sur une couche de sable ne présentant pas une épaisseur suffisante. Aussi, vu ses inconvénients, cet ancien système a t-il été abandonné. Aujourd'hui il est remplacé par un autre système plus dispendieux d'installation, mais présentant une grande supériorité sur le précédent. L'usure du pavage en bois se fait alors très régulièrement.

L'ensemble de la chaussée, dans le nouveau système, comprend une forme inférieure suffisamment épaisse *en béton* fait avec le meilleur ciment de Portland. Sur cette forme rigide, présentant le bombement de la chaussée, repose le pavage en bois constitué de prismes de 21 × 8 sur 11 centimètres de hauteur, laissant entre eux, dans le sens transversal de la chaussée, des intervalles ou lignes de 10 à 15 millimètres que l'on remplit avec du mortier. On obtient ainsi un pavage extrêmement précis, absolument régulier et reposant sur une couche indéformable de béton résistant à la manière d'une voûte, soulagée en tous ses points par la résistance du sol. La plus grande dimension, 21 centimètres, est placée dans le sens transversal de la chaussée, et la plus petite, 8 centimètres, parallèlement à son axe. En plan, les pavés en bois d'une même file transversale sont placés jointifs, et les joints de cette file sont croisés avec ceux des deux files voisines. Les fibres du bois sont placées verticalement (fig. 1).

Les pavages en bois se sont développés rapidement dans ces dernières années ; les premiers essais remontent à 1882 ; en 1895 il y avait 845.000 mètres carrés de pavage en bois à Paris. Les bois employés sont : le sapin du Nord, le pin des Landes, le pitchpin, divers sapins de pays ainsi que certains bois durs provenant des colonies.

Actuellement, on réduit l'épaisseur de la fondation à 15 centimètres et les joints sont coulés en ciment de Portland. Les pavés sont posés jointifs et les rangées sont séparées par des réglettes de façon à donner des joints parallèles, perpendiculaires à l'axe de la chaussée, avec une largeur de 10 millimètres environ.

Les rives sont limitées généralement par deux ou trois rangées de pavés, posés parallèlement aux bordures du trottoir, avec un vide de 5 à 7 centimètres contre la bordure, rempli de sable fin après l'exécution. (Voir fig. 1). On remplace quelquefois ce sable par des sortes de boîtes en carton bitumé.

Ces joints de sable ont pour but d'empêcher que le gonflement des pavés par l'humidité ne repousse les bordures des trottoirs.

Les bois sont essayés, avant l'emploi, en vue de déterminer : le module d'élasticité, la résistance à la rupture par flexion, l'usure par frottement, la résistance à l'écrasement, la résistance au choc et le gonflement par l'humidité. Ils sont préservés de la pourriture par un trempage à la créosote ou au sulfate de cuivre.

Le pavage en bois coûte 19 fr. 50 le mètre carré et 2 fr. 50 d'entretien par an, sur une chaussée de circulation moyenne. Sa durée est de sept à quinze ans. Pour empêcher qu'il ne devienne glissant, on le saupoudre de petits cailloux très durs qui s'incrustent dans les fibres placées debout et donnent la surface rugueuse au pavé en même temps qu'elles le rendent plus résistant à l'usure.

Pour les pavages des cours et passages peu fréquentés, on emploie des pavés de bois ayant 5 ou 6 centimètres de hauteur ou encore des pavés de bois hexagonaux avec une queue d'aronde à la partie inférieure ; ces pavés sont posés sur bains de mortier de chaux hydraulique ou sur bitume.

CHAPITRE II

ASPHALTE ET BITUME — TROTTOIRS

Asphalte comprimé pour chaussées. — *L'asphalte* proprement dit est un *calcaire bitumeux* naturel, carbonate de chaux pur, imprégné d'un carbure d'hydrogène oxygéné. Ce carbure, qui a un aspect noir et visqueux, est appelé *bitume*. Le bitume se trouve à l'état naturel (Mines d'asphalte en Auvergne, Ain, Savoie, Landes et en Suisse.)

Le *mastic d'asphalte* résulte de la cuisson du bitume dans les chaudières et, finalement, c'est un mélange de poudre d'asphalte et de bitume dont on fait les trottoirs.

Pour l'emploi dans la confection des chaussées, l'asphalte est réduit en poudre fine que l'on chauffe entre 120 et 130 degrés. Cette poussière chaude, comprimée en couches de 3 à 5 millimètres d'épaisseur, au moyen de *pilons*, *dames* et *rouleaux* très lourds, se prend en une masse compacte, dure et élastique qui donne une surface lisse, bien roulante, insonore et très durable.

Une chaussée asphaltée se fait toujours sur une couche de béton de ciment portland de 15 centimètres environ d'épaisseur. Le prix de revient est de 15 à 20 francs le mètre carré, béton compris, l'asphalte seul comprimé et lissé en couche de 5 centimètres d'épaisseur revient à 12 francs environ le mètre carré.

Pavés en asphalte. — Les diverses usines fabriquant la poudre d'asphalte vendent des *pavés en asphalte comprimé*, ayant 4 à 5 centimètres d'épaisseur et 10 × 20 ou 14 × 14 centimètres en largeur et longueur. Ces pavés se posent sur fondation en béton et à bain de mortier de ciment portland. Le prix de revient de ces pavés est de 3 à 5 francs le mètre carré, béton non compris.

Pour empêcher de glisser sur les parties asphaltées des cours et passages, on fait quelquefois dans l'asphalte encore chaud des stries imitant les joints de carrelage ; ces rainures sont obtenues avec un *lissoir* spécial employé chaud.

Bitume ou mastic bitumeux. — C'est un mélange de 10 à 15 parties de bitume et de 85 à 90 parties de roche asphaltique pulvérisée ; pèse 12 à 1.500 kilogrammes le mètre cube, et fond à 100 degrés environ.

Le mastic bitumeux est livré en pains de 0 m. 50 × 0 m. 33 × 0 m. 11 ; pur ou mélangé de sable, il sert pour trottoirs, dallages, couvertures, sols de terrasse, chapes de ponts, couronnements de murs de soubassements, enduits hydrofuges, et empêche l'humidité de monter dans les murs.

Pour s'en servir, on le concasse en morceaux et on refond les pains avec 30 p. 100 de gravier environ.

La cuisson de ces pains concassés s'opère dans une *chaudière ambulante* en tôle placée à côté du travail à exécuter, en brassant la matière avec un ringard en fer. Lorsque la matière est pâteuse, on l'applique sur les surfaces destinées à la recevoir ; pour les trottoirs, on saupoudre de sable la surface du mastic, pendant qu'il est encore chaud.

Si le mélange est trop liquide, et s'il doit avoir une

certaine dureté (dallages, trottoirs, etc.), on ajoute du sable fin et sec dans la chaudière.

Voici une formule pour mastic bitumeux, pour trottoirs :

Goudron minéral (pour aider à la fusion)	7 kgr. 5
Mastic d'asphalte de Seyssel	90 kgr.
Huile de résine	2 kgr. 5
S1ble fin et pur	50 kgr.
Total	150 kgr.

L'asphalte artificiel américain dit Grahamite, est un composé de :

Sable siliceux en poudre fine	70	à	65	p. 100
Calcaire en poudre ..	15	à	20	p. 100
Mélange de bitume et huile de pétrole ...	15	à	18	p. 100
	100		100	

Ce dernier mélange est formé de 100 parties de bitume de la Trinité pour 20 parties de pétrole. C'est principalement en Amérique que ce produit a été essayé à grande échelle.

Le mélange fait à 15 p. 100 de bitume et pétrole, au lieu de 18 p. 100, donne, paraît-il un produit qui résiste aussi bien au froid qu'à la chaleur ; et cependant, sur plusieurs points des Etats-Unis, le thermomètre descend à — 23° en hiver, et monte à + 65° en été, au soleil.

Cet asphalte se pose à deux couches, l'une de 5 centimètres d'épaisseur, l'autre de 25 millimètres, par dessus ; le tout sur fondation de béton de ciment. Le prix est de 16 fr. 50 pour le premier établissement.

Le mastic asphaltique, pur ou mélangé de sable, s'applique par bandes de 75 à 90 centimètres de largeur sur 15 à 20 millimètres d'épaisseur. Il repose sur une aire en béton hydraulique de 10 centimètres d'épaisseur ou sur une couche de gravier pilonnée et arrosée avec un lait de chaux hydraulique.

Après dessiccation parfaite du béton, la matière, rendue plastique par la fusion, est étalée ou comprimée

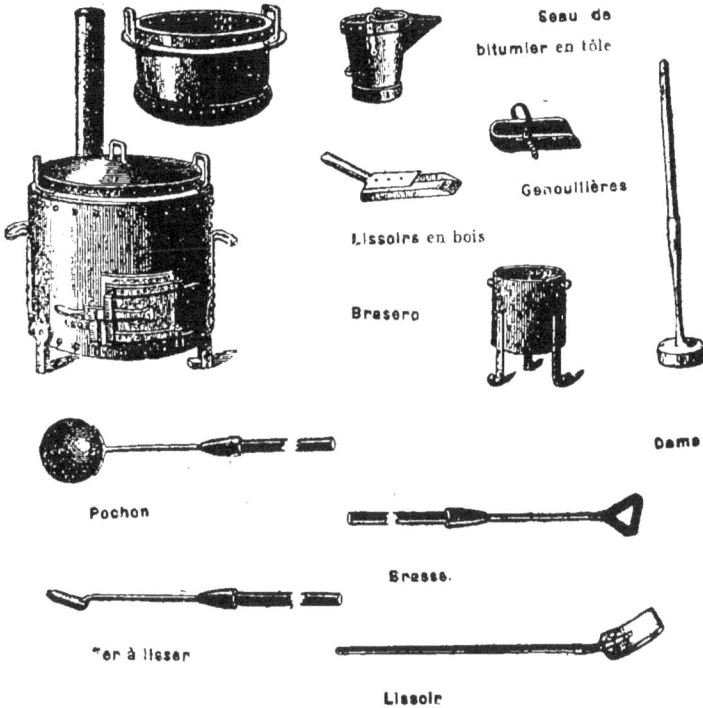

Fig. 15. — Outils pour poser l'asphalte.

avec une palette ou spatule en bois ; chaque bande est limitée par une règle en métal, qui fixe sa hauteur ; la règle de niveau passe, pour niveler la couche, sur la bande déjà exécutée et sur la règle en fer. Puis on répand du sable sec sur la surface et on incruste les grains en battant avec une taloche.

La figure 15 montre les outils du poseur d'asphalte ou du bitume ; on y remarque la chaudière pour faire chauffer la matière et le brasero pour faire chauffer les lissoirs pour l'asphalte comprimé.

La matière chaude doit être apportée très rapidement avec le seau en bois, s'il s'agit de bitume, ou à la brouette s'il s'agit d'asphalte en poudre.

L'ouvrier comprime l'asphalte au pilon pendant que la poudre est chaude, il passe ensuite les lissoirs chauffés au rouge sombre dans le brasero. Pour les grands travaux, on passe un rouleau en fonte, chauffé au moyen d'un brasero intérieur. L'ouvrier qui étale le bitume met des *genouillères* en bois (fig. 15) qui lui permettent de travailler à genoux et d'étendre rapidement la pâte brûlante avec les lissoirs en bois.

Trottoirs. — La figure 16 montre une chaussée asphaltée *a*, sur béton *b*, avec trottoir en mastic bitumineux *t*, aussi sur béton ; la bordure du trottoir G se fait en grès ou en granit.

On fait aussi les trottoirs en dallage de granit piqué

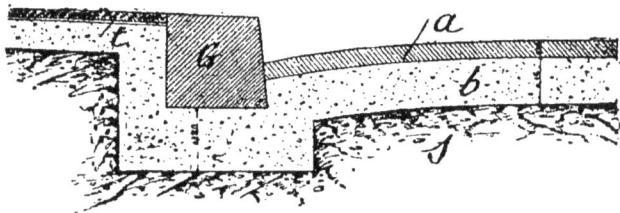

Fig. 16. — Chaussée asphaltée.

ou bouchardé afin d'empêcher le glissement des passants. Quand la circulation est intense, le granit se polit peu à peu et il faut le repiquer fréquemment. (Voir *Dallages.*)

Les trottoirs des cours de ferme et des villages se font en pavés de grès ou autres, comme le montre la figure 17.

Pour l'écoulement des eaux des toits, on place, dans le parcours du trottoir, une dalle en pierre ou en ardoise, creusée d'un caniveau, comme le montre la figure 17.

L'écoulement des eaux peut se faire

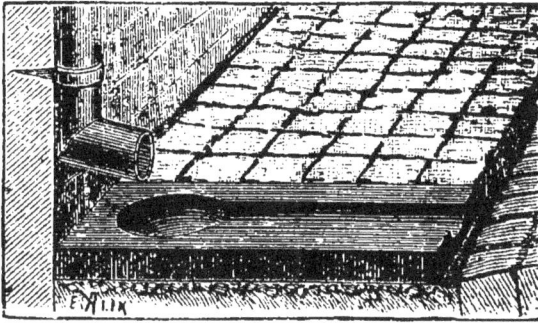

Fig 17. — Trottoir et caniveau.

sous le trottoir, en employant les caniveaux ou gargouilles en fonte (fig. 200 et 204, volume VI).

Revêtements en asphalte ou mastic bitumeux. — Le mastic d'asphalte rend de grands services pour préserver de l'humidité. On en fait usage pour chapes de pont. Pour une voûte de pont (fig. 18), on place au-dessous de la chape un lit de mortier mais il est indispensable d'attendre qu'il ait pris un certain durcissement. On applique le mastic d'asphalte à chaud, sur une petite épaisseur de quelques centimètres, puis par dessus la couche bitumeuse, on place une couche d'argile de 5 à 6 centimètres. Cette dernière couche est protectrice et empêche les ruptures que pourraient produire les cailloux du remblai. Le mastic d'asphalte est employé pour protéger les casemates et les magasins militaires de l'infiltration de l'eau. Dans ces diverses applications, il est indispensable d'appliquer le mastic d'asphalte sur des surfaces bétonnées bien homogènes et ayant subi une dessiccation suffisante.

La même matière sert aussi dans la confection des

terrasses (fig. 21). Ce travail exige quelques précautions pour donner une aire qui puisse résister à l'action du soleil et cependant présenter une élasticité suffi-

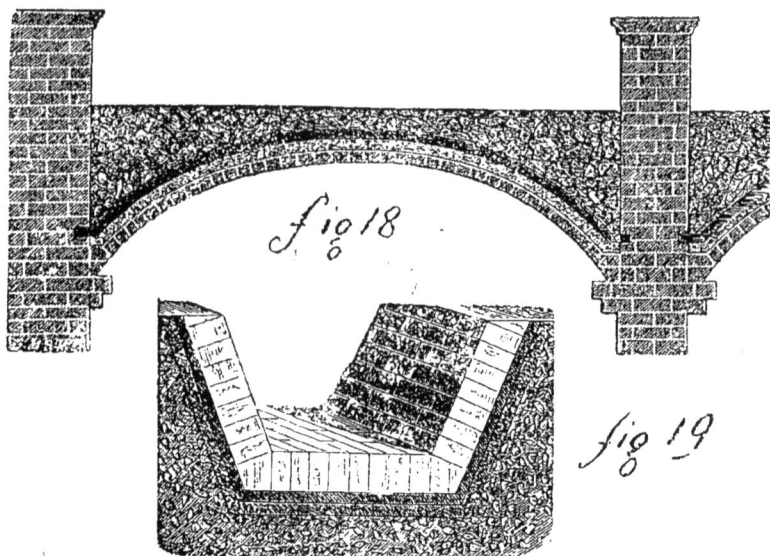

Fig. 20.

Protection contre l'humidité.

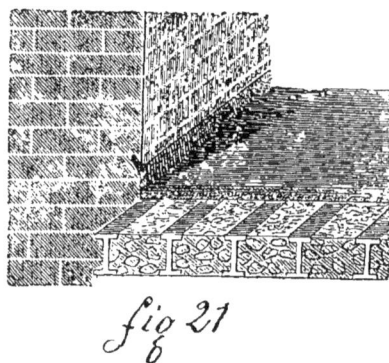

sante, qui s'oppose au fendillement. On y parvient en formant une première couche avec du mastic gras dont les proportions sont les suivantes :

```
Bitume ..................... 0 kgr. 6
Mastic de Seyssel ........... 7 kgr. 0
Menu gravier ............... 4 kgr. 0
```

Par dessus cette couche, on applique du mastic d'asphalte maigre. Une condition indispensable, c'est que le plancher soit le plus rigide possible pour s'opposer au fendillement de la couche d'asphalte.

On emploie aussi avec succès le mastic d'asphalte pour empêcher l'humidité de monter par capillarité le long d'un mur (voir fig. 20), en interposant une couche dans l'épaisseur des maçonneries au-dessus du niveau des plus hautes eaux. Ce procédé a été appliqué aux fondations du Palais de Justice à Paris, et aux fondations des deux théâtres de la place du Châtelet.

La figure 19 montre une application des mêmes procédés faite pour silos en maçonnerie, destinés à conserver la pulpe des betteraves, le grain, le maïs, etc., dont la maçonnerie supérieure repose directement sur une couche de mastic d'asphalte (1).

Signalons encore l'emploi du bitume pour parquet. La figure 22 montre une application du mastic d'asphalte pour protéger un parquet de l'humidité des rez-de-chaussée. Les seules précautions à prendre consistent à araser la couche de béton inférieure et à couler par dessus un lit de mortier. Après une dessiccation suffisante, on peut étendre à chaud le mastic d'asphalte et sur cette aire bitumeuse, on applique les lambourdes qui doivent porter le parquet.

Dans les parquets peu soignés, pour ateliers et magasins on supprime quelquefois les lambourdes ; les planches du parquet sont alors posées directement sur le mastic bitumeux pendant qu'il est chaud et

---

(1) Le *Rubéroïd* ou *feutre asphalté* est employé par interposition dans les murs pour arrêter la montée de l'humidité.

Fig. 22. — Solives posées sur asphalte.

Fig. 23. — Dallages en asphalte.

liquide. Ces planches sont seulement jointives sans présenter ni rainures ni languettes (voir volume VII).

On applique le dallage d'asphalte aux écuries pour remplacer les pavés en pierre. Le travail consiste à faire une bonne assiette en béton, à dresser la surface suivant les pentes que l'on veut obtenir et à couler par dessus un lit de mortier très serré qui présente une surface bien régulière. Sur ce mortier, on applique à chaud le mastic d'asphalte. On pratique des stries sur la surface ainsi que l'indique le croquis afin d'empêcher le glissement des chevaux. Ces stries sont obtenues à l'aide de fers chauds que l'on manœuvre à la main, ou, plus rapidement par des rouleaux compresseurs qui présentent en relief le dessin de ces stries (fig. 23).

Pavés recouverts d'asphalte bitumeux. — On a fait des essais d'un revêtement composé d'un mastic bitumineux, dans lequel sont incorporés à chaud des petits cailloux de granit concassé de la grosseur d'une petite noisette ; ce revêtement est appliqué à chaud sur un vieux pavage très inégal, ce qui rend la surface bien lisse et parfaite pour le roulement des voitures ; l'application se fait par temps sec et on y passe un *rouleau compresseur*.

CHAPITRE III

EMPIERREMENTS OU MACADAM

Les chemins ou routes empierrées doivent être assez bombés pour que l'eau s'écoule rapidement, surtout lorsque le sol n'a pas une pente naturelle. Pour faire une bonne chaussée empierrée, il faut ôter 15 à 20 centimètres d'épaisseur de terre végétale et pilonner le fond sur lequel on met d'abord de larges pierres plates et ensuite les cailloux ou pierres cassées, de la grosseur d'un œuf, pour remplacer l'épaisseur enlevée du terrain ; on répand ensuite du sable argileux que l'on arrose pour le faire pénétrer dans les cailloux qui se trouvent ainsi enrobés d'une gangue agglutinante ; on passe alors le rouleau en continuant de jeter du sable et d'arroser modérément.

Les bons empierrements se font avec du granit, du porphyre ou des cailloux de silex concassés ; ceux faits en pierres calcaires donnent de la boue.

Le prix d'un empierrement varie de 3 à 8 francs, selon les prix de la pierre et de la main-d'œuvre.

L'entretien des chaussées empierrées est coûteux et varie considérablement selon la circulation des voitures.

On fait aussi des chemins et aires recouverts de *mâchefer* (résidu de la combustion du charbon) ; une épaisseur de 10 centimètres de mâchefer donne un bon chemin pour piétons et voitures légères.

Goudronnage des chaussées empierrées. — Pratiqué depuis une vingtaine d'années, le goudronnage des routes a donné d'excellents résultats tant au point de vue de la durée des empierrements qu'à celui de la suppression à peu près complète de la poussière et de la boue : l'eau glisse à la surface d'une chaussée goudronnée, sans pénétrer dans l'empierrement qui conserve ainsi toute sa dureté.

Le goudron doit être répandu *bouillant* sur la chaussée *bien sèche* ; on étale le goudron rapidement avec des balais spéciaux et on interdit momentanément la circulation des voitures pour donner au goudron le temps de pénétrer dans le sol. Un temps sec et chaud est nécessaire au bon résultat de l'opération. Il existe des machines automatiques pour chauffer et répandre uniformément le goudron de gaz sur les routes ; mais, pour une petite application, on se sert de chaudières dans le genre de celles de la figure 15.

Il faut environ un kilo de goudron par mètre carré, le prix de revient du goudronnage est de 0 fr. 50 à 0 fr. 75 par mètre carré, mais on rattrape bien vite cette dépense par l'économie d'entretien de la chaussée, tout en ayant l'agrément de la propreté du sol et de la suppression de la poussière.

On a essayé de remplacer le goudronnage par des arrosages à l'*huile de houille* ou avec des solutions de *chlorure de calcium* qui, conservant l'humidité du sol, empêche sa désagrégation en poussière, mais les résultats sont beaucoup moins favorables qu'avec le goudron d'usine à gaz qui, seul donne au macadam l'apparence d'une chaussée asphaltée.

Caniveaux des chaussées macadamisées. — Les caniveaux ou ruisseaux qui bordent une route macadamisée se font généralement avec deux ou trois rangs de pavés posés en pente le long de la bordure du trottoir. Ces pavés ont non seulement l'avantage de faire écouler rapidement les eaux sans que celles-ci dégradent les bas-côtés de la route, mais encore ils servent à maintenir les pierres cassées formant le macadam : celui-ci est ainsi contenu dans un espace délimité par les rangs de pavés et ne peut pas être déplacé par suite de la charge des voitures passant près des bords de la route.

Réparation des empierrements. — Pour faire une bonne réparation, il ne faut pas se borner à mettre des pierres cassées dans les trous ou cuvettes formés par l'usure de la route. Il est nécessaire de *défoncer* avec un pic, l'endroit à réparer de façon que la couche de pierres cassées neuves ait une certaine épaisseur et puisse s'agglomérer aux anciennes couches, ajoutez du *sable gras*, arrosez et pilonnez fortement la réparation ainsi faite.

Pour la réfection entière des chaussées macadamisées, on se sert de puissantes *machines à défoncer*, mues par des tracteurs à vapeur, de façon à labourer positivement toute la surface de la route sur laquelle on étend ensuite la couche de cailloux et de sable qui est passée au *rouleau à vapeur*.

CHAPITRE IV

DALLAGES

Les *dalles* sont des pierres plates en calcaire dur, marbre, granit, porphyre, grès, ardoises, schistes ou autres pierres ; leur épaisseur est généralement de 3 à 10 centimètres et leur grandeur quelconque, jusqu'à plus d'un mêtre carré pour une seule dalle. Une pierre pour dalle ne doit être ni tendre, ni gélive ; elle ne doit pas être posée en *délit*. (Voir volume II).

Les dalles sont taillées planes, bouchardées ou polies d'un seul côté, le côté qui doit être scellé au sol restant rugueux et brut, ce qui lui donne une bonne adhérence avec le mortier ; les joints sont taillés en *démaigrissement*.

En alternant les dalles en pierres de diverses couleurs, on obtient sur de grandes surfaces de jolis effets décoratifs : tels sont les anciens dallages en marbres polychromes.

Nos gravures 24 à 29 montrent quelques exemples des dessins que l'on peut former avec des dalles taillées et de diverses couleurs.

Pour faire un bon dallage, il faut d'abord pilonner fortement le sol, de façon qu'on n'ait pas à craindre de tassements ultérieurs. La surface du sol est ensuite nivelée ou réglée à une pente de 5 millimètres à 1 centimètre par mètre s'il s'agit d'un dallage de cour destiné à recevoir des lavages fréquents.

3.

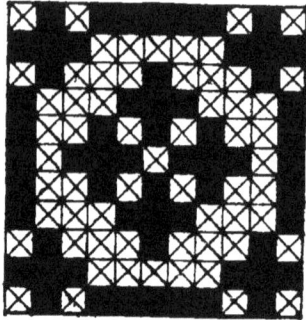

f. 24

f. 25

f. 26

f. 27

f. 28

f. 29

Fig. 24 à 29. — Dallages artistiques.

Les dalles sont posées à bain de mortier de chaux hydraulique ou même de chaux grasse : on fait des calages sous les dalles pour les mettre toutes exactement de la même hauteur, ce dont on s'assure avec la règle.

L'emploi de mortier de chaux pour la pose des dalles

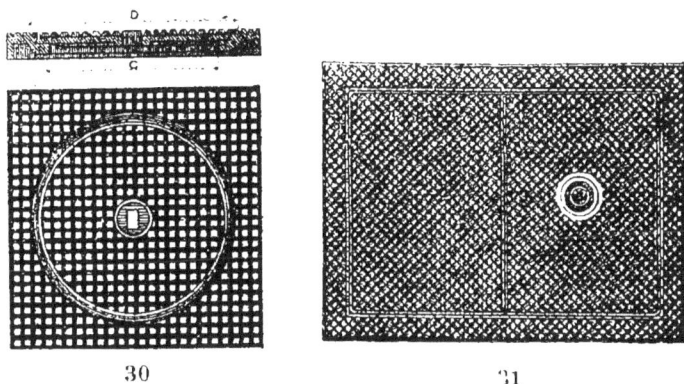

Fig. 30 et 31. — Tampons de fosses.

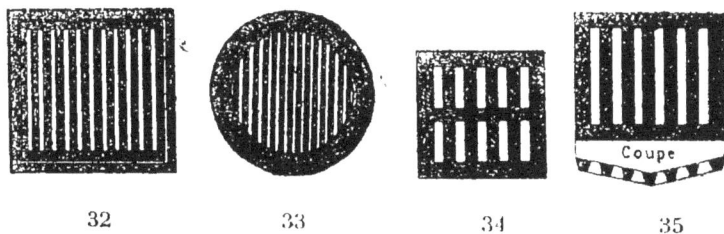

Fig. 32 à 35. — Grilles d'égouts.

permet de les déposer facilement s'il se produit des dénivellations, ce qui ne serait pas possible en employant du mortier de ciment.

Il faut 25 à 30 litres de mortier par mètre carré pour faire un dallage.

Les joints des dalles doivent être *démaigris*, c'est-à-dire plus larges en bas qu'à la surface où les dalles sont jointives, ce qui permet au mortier d'avoir une certaine épaisseur dans le joint.

On pose quelquefois les dalles sur bitume chaud ou à bain de plâtre, dans les endroits couverts.

Dalles en fonte. — On fait des dalles en fonte dont la surface est striée de rainures assez profondes pour empêcher de glisser ; ces dalles se font pleines, pour recouvrir des caniveaux, ou avec regard rond ou carré pour recouvrir les entrées des égouts (*tampons*) ou des fosses d'aisances, à purin, à fumier, etc. (fig. 30 et 31).

Les grilles pour fontaines, caniveaux, égouts, représentées par les figures 32 à 35, se posent comme les dalles en fonte sur un rebord ou feuillure en ciment, pratiqué tout autour de l'ouverture qu'il s'agit de couvrir. Ces grilles se font planes ou concaves, comme le montre la figure 35 ; leur épaisseur peut être assez forte pour permettre le passage des voitures chargées.

Les *tôles striées* sont employées à la place des dalles en fonte dans les endroits ou circulent seulement les piétons ; ces tôles ont une épaisseur totale de 7 millimètres et de 5 millimètres au fond de la strie.

Dalles et pavés en verre. — L'éclairage des sous-sols se fait au moyen de dalles en verre quadrillées granitées ou de 3 en 3 centimètres ou de 4 en 4 centimètres, jusqu'à 60 centimètres de côté. Leur épaisseur varie de 20 à 35 millimètres. Le poids du mètre carré est de 50 à 80 kilogrammes.

Les dalles et pavés en verre s'emploient à l'intérieur ou à l'extérieur ; certaines sont assez épaisses pour tolérer le passage des voitures chargées (fig. 38).

Les dalles en verre se posent dans des châssis en fer à T en laissant un jeu de 3 à 4 millimètres. Elles sont fixées dans les châssis au moyen du mastic de vitrier et le plus souvent à l'aide du ciment, comme le montre la figure 36.

La figure 40 montre une bonne manière de poser

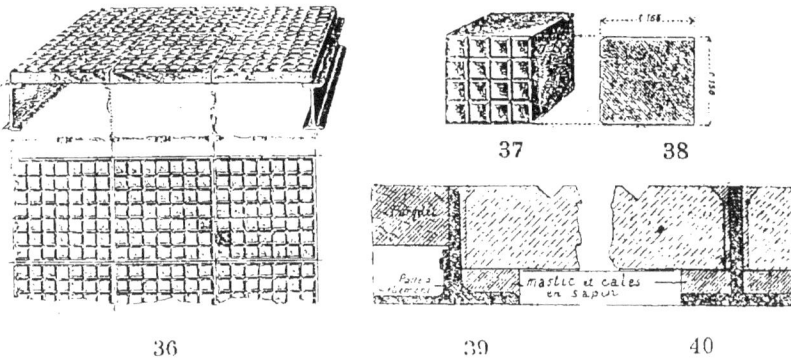

Fig. 36. — Dallages en verre.
Fig. 37 et 38. — Pavés en verre.
Fig. 39 et 40. — Pose des dalles de verre.

les dalles de verre en interposant une cale en sapin
entre le fer et le verre, le tout à bain de mastic.

Prix des dalles en verre à Paris au m2.

Fourniture et pose.

25 $\frac{m}{m}$ d'épaisseur, prismatiques ou		
circulaires	46	»
— diamantées	56.	»
32 $\frac{m}{m}$ d'épaisseur, prismatiques ou		
circulaires	58.	»
— diamantées	70.	»
35 $\frac{m}{m}$ d'épaisseur, prismatiques ou		
circulaires	65.	»
— diamantées	76.	»

Les superficies des dalles sont prises en œuvre après
pose sans déduction des fers ni des joints. Toute dalle
coupée est comptée entière plus la coupe.

Prix des pavés en verre, au-dessus de 35 millimètres
d'épaisseur : 60 francs les 100 kilogrammes.

Dalles en verre armé. — On fait des dalles en verre dans lequel est incorporée une toile métallique ; cette armature augmente considérablement la résistance de la dalle et empêche, en cas d'accident, ses morceaux de tomber à l'étage au-dessous. Ces dallages ont de 13 à 35 millimètres d'épaisseur et se vendent 62 à 68 francs les 100 kilogrammes ; *ils doivent être coupés à l'usine aux mesures de pose.*

Fig. 41. — Dallage translucide Joachim.

Dallages en blocs de verre et béton armé. — La figure 41 montre un excellent procédé de fabrication de dalles éclairantes constituées par des *blocs de verre* ronds ou carrés enrobés dans une *armature de ciment armé* (*Joachim et Marchais*). Les blocs de verre sont unis à la partie supérieure et taillés en étoile en dessous ; une *gorge* leur permet de s'encastrer dans le ciment, ce qui les rend très solides. Employés pour planchers sur sous-sols, revêtements de coupoles, etc... Les blocs de verre ont environ 12 centimètres de diamètre.

Dallage en ciment Portland. — Le dallage en ciment ne peut être exécuté dans de bonnes conditions que sur un sol solide ou, en tous cas, fortement pilonné, de façon à éviter tout tassement qui ferait fendre le dallage.

Sur le sol ainsi préparé, on pilonne un béton maigre fait avec de gros cailloux au dosage de 1 de ciment portland, 4 de sable et 10 de cailloux, sur 10 à 20 centimètres d'épaisseur, suivant la solidité du sol ; sur ce béton maigre, qui peut être fait avec de la chaux hydraulique au lieu de ciment, on étend une couche de 5 centimètres d'épaisseur de bon béton de gravillon et de Portland au dosage de 2 de ciment, 4 de sable et 6 de gravillon. (Dosages variables où le ciment peut être remplacé par la chaux hydraulique.)

Quand ce béton est un peu dur, on étend une couche de 2 centimètres d'épaisseur de mortier gras, de ciment Portland et de sable fin de rivière non terreux au dosage de 1 de ciment pour 1 à 2 de sable.

Ce mortier est battu à la truelle puis, lorsqu'il est un peu pris, on le lisse, on le boucharde et on y trace de *faux joints d'appareil* avec une molette et un lissoir.

Le ciment est arrosé tous les jours pendant au moins huit jours et recouvert de sacs mouillés ou de sciure de bois ou de sable humide pour permettre un durcissement dans de bonnes conditions.

On ne doit mettre le dallage en service qu'après huit à dix jours en été et quinze jours en hiver.

En cas de réparations à des dallages en ciment, il faut *repiquer* largement et profondément la partie avariée de façon que la réparation ait une épaisseur suffisante et se reprenne sur le béton sous-jacent.

Compositions à base de ciment pour dallages. — Le *porphyrolithe* est de la magnésie calcinée, rendue fibreuse par l'adjonction de filaments de bois et d'amiante ; il peut être coloré en toutes nuances.

Après avoir été gâché avec de l'eau contenant du chlorure de magnésium, il s'emploie comme le ciment à l'état pâteux et durcit rapidement (1).

C'est donc un intermédiaire entre le bois et la pierre ; il réunit la plupart des qualités de ces produits sans en avoir les inconvénients ; il est élastique, imperméable et ininflammable ; les dallages ainsi faits ont l'avantage de ne présenter aucun joint pouvant servir de réceptacle aux poussières et aux microbes, surtout lorsqu'on a le soin de les relever pour former plinthe le long des murs, en raccordant les plinthes au sol par des arrondis.

Les parquets en porphyrolithe sont composés de deux couches formant une épaisseur totale d'environ 15 millimètres.

On peut les établir sur les aires en béton armé, sur les vieux dallages ou carrelages à la condition qu'ils adhèrent à la forme, sur les planchers en bois usagés.

On peut aussi préparer une fondation de 5 à 6 centimètres d'épaisseur, en béton de ciment, au dosage de 250 kilogrammes de ciment portland par mètre cube de sable et gravillon mélangés et appliquer après une semaine de séchage.

Ce produit ne s'applique pas sur le plâtre ; un dallage revient entre 7 et 8 francs le mètre carré.

Il existe une quantité de compositions du même genre pour dallages continus, telles sont le *Terrazzolithe*, le *Xylolithe*, etc... Certains sont formés de béton de *poudre de liège* et ciment.

---

(1) *Ciment magnésien.* — Magnésie calcinée 100 kgs ; chlorure de magnésium cristallisé 80 kgs ; eau 200 litres.

CHAPITRE V

CARRELAGES

Les carrelages se font généralement dans les pièces du rez-de-chaussée, dans les vestibules, corridors, cours intérieures et bâtiments de services. Le carrelage donne des habitations fraîches en été mais quei-

CARREAUX

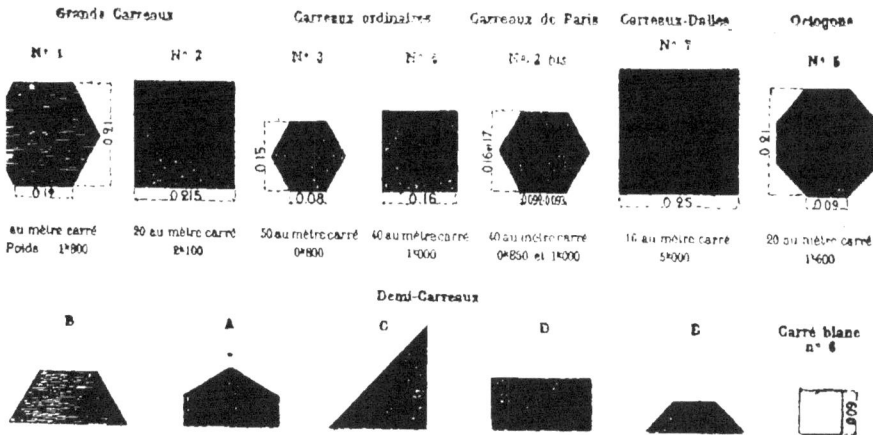

Fig. 42 et 43. — Carreaux de terre cuite.

quefois humides en hiver. On emploie rarement le carrelage sur les planchers d'étage sauf dans les cuisines, water-closets et salles de bain ; cependant dans les anciennes constructions, on trouve des étages entiers carrelés, ce qui impose aux planchers une surcharge considérable.

Les carreaux ordinaires sont en terre cuite moulée
à la main ; ils sont poreux, fragiles et lourds, en raison
de leur épaisseur (2
à 3 centimètres).

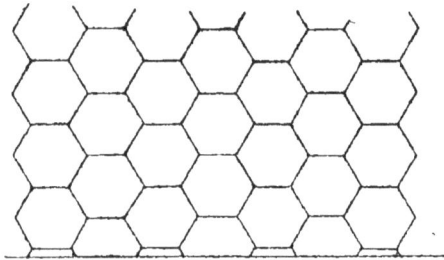

Les carreaux en
terre comprimée ont
18 à 20 millimètres
d'épaisseur, ils sont
plus imperméables que
les précédents et ont
un beau poli, sur-
tout lorsqu'ils sont
frottés avec de l'encaustique qui les rend tout à fait
imperméables. Les carreaux de terre cuite se fabriquent dans toutes les régions ; ceux de Bourgogne

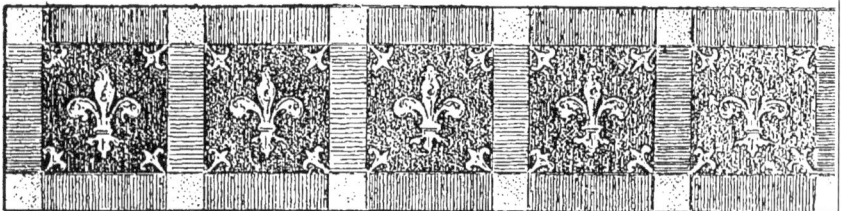

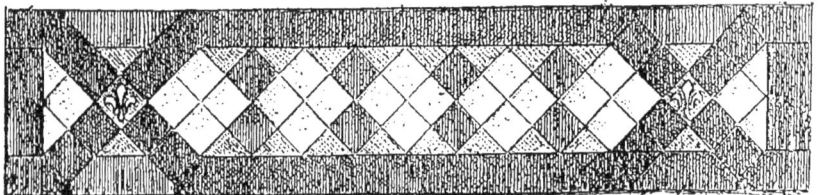

Fig. 44. — Carrelage hexagonal.

Fig. 45 et 46. - - Devants de cheminée.

sont les plus résistants à l'humidité ; les figures 42
et 43 représentent ces carreaux et indiquent leurs
dimensions et poids ; on fait des *demi-carreaux* permettant de racorder avec les murs.

La figure 44 montre une disposition de carreaux hexagonaux, mais en combinant ensemble les diverses formes de carreaux carrés, triangulaires, hexagonaux, octogonaux et rectangulaires que l'on trouve dans le commerce, on peut faire des décorations très heureuses, ces carreaux existent dans les teintes les plus diverses : blanc, noir, rouge, jaune, brun, gris, etc...

On emploie aussi les carreaux de terre cuite pour des foyers de cheminée et des devants de cheminée dont nos gravures 45 et 46 montrent deux dispositifs, ornés de carreaux peints et vernissés, encadrés de carreaux de diverses couleurs.

Dimensions, poids des *carreaux de Bourgogne* (Montchanin-les-Mines).

Grands carreaux n° 1, à 6 pans	1 kgr.	800
Grands carreaux n° 2, carrés	2 kgr.	100
Carreaux ordinaires n° 3, 6 pans	0 kgr.	800
Carreaux ordinaires n° 4, carrés	1 kgr.	000
Carreaux octogones n° 5, 8 pans	1 kgr.	600
Carreaux octogones n° 6, carrés (blanc-jaune)	0 kgr.	300
Carreaux dalles n° 7 (0,25 ×0,25)	5 kgr.	000
Carreaux 6 pans dits de Paris, type A et B	1 kgr.	000

Pour carreler on régularise d'abord la forme en répandant sur l'aire, en plâtre ou autre matière, de la poussière provenant de démolitions d'ouvrages en plâtre ou de recoupes de pierre.

Puis on fait la pose des carreaux à bain de plâtre dans les endroits secs, à bain de mortier de chaux hydraulique ou à bain de ciment dans les endroits humides ; les joints se font ensuite en coulant du plâtre ou du ciment un peu liquide.

Lorsque le carrelage est achevé, on fait les raccords le long des murs avec des *pièces* (carreaux coupés parallèlement à l'une de leurs arêtes) et des *pointes* (coupés perpendiculairement à l'une de leurs arêtes). Le plâtre employé est mélangé de sable pour en retarder la prise.

Lorsqu'on pose les carrelages à bain de plâtre, dans des endroits sujets à recevoir de l'eau ou tout au moins à être lavés, il arrive que les eaux absorbées par le plâtre s'amassent dans le plafond, finissent par traverser et forment des taches ou pourrissent le solivage lorsqu'il est en bois.

On évite cet inconvénient en étalant un lit de sable sur le hourdis et en scellant le carrelage à bain de ciment.

Il y a avantage à employer des carreaux de peu de surface, les grands étant souvent *gauches*.

Avec les carreaux carrés, on peut alterner les joints transversaux, ou faire suivre les joints dans les deux sens, ou poser en quinconce ou en échiquier, c'est-à-dire les joints diagonalement aux faces de la pièce.

Nombre de carreaux employés par mètre carre.

Carrés de 22 centimètres ..	21 p. mq.	
— 20 —	25 —	
— 15 —	46 —	
Hexagonaux de 22 centimètres	25 p. mq.	
— 27 —	42 —	
— 15 —	46 —	

Carreau n° 22 — Prix . 4 f. 50 le mèt. carré
Bordure n° 7bis — Prix . 1 f. 60 le mèt. lin

Carreau n° 64 — Prix . 5 f. » le mèt. carré.
Bordure n° 49 — Prix : 2 f. » le mèt. lin.

Les 1/2 carreaux ne se fabriquent pas

Carreau n° 23 — Prix : 4 f. » le mèt. carré.
Bordure n° 7bis — Prix : 1 f 60 le mèt. lin.

Carreau n° 14 — Prix . 6 f. » le mèt. carré.
Bordure n° 7bis — Prix 1 f. 60 le mèt. lin

Carreau n° 27 — Prix . 7 f. le mèt carré
Bordure n° 49 — Prix 2 f. le mèt lin

Unis : 4 fr. le mètre carré.

0 20 × 0 20
- blanc
- gris
- marron
- noir

0.25 × 0.25
- gris
- marron
- noir

Fig. 47 à 52. — Carrelages mosaïques.

Les carreaux de ciment, dits *Mosaïques*, sont fabriqués dans des cadres de 5 centimètres de profondeur. Ces carreaux sont réduits à une épaisseur de 2 centimètres seulement par une pression hydraulique de 100.000 kilogrammes qui leur donne une cohésion à laquelle ne peuvent atteindre les carreaux faits au gâché. Soumis à l'action de l'eau qui facilite la prise du ciment, laissés pendant longtemps dans des magasins humides et à l'abri de la lumière, ils y durcissent lentement et ne sont livrés que de longs mois après leur fabrication. Si leur surface se couvre parfois d'une pellicule de sel de chaux, qui forme des taches sur le dessin, il n'y a aucunement lieu de s'en inquiéter : ces taches s'enlèvent aux premiers lavages, pour reparaître ensuite et disparaître pour toujours à la formation de l'hydrate de chaux, c'est-à-dire au bout de trois à quatre mois, suivant que la pose a été faite en été ou en hiver et dans un lieu sec ou humide. Ces carreaux se font en toutes couleurs et avec des dessins variés imitant la mosaïque, le marbre ou la peinture.

Quant aux soins à donner aux carreaux, il faut laisser, pendant sept ou huit jours, la sciure de bois blanc mise par les carreleurs, puis laver au savon noir délayé dans de l'eau tiède et essuyer légèrement sans aucune addition de caustiques, potasses, acides, etc... Le lavage à la lessive froide est aussi un excellent mode de nettoyage : les sels que contient l'eau de lessive ont l'énorme avantage d'enlever les corps gras, de durcir les carreaux, et de donner, en peu de temps, un lustre qu'aucun encaustique ne saurait produire (fig. 47 à 52).

La pose de ces carreaux comprend : la préparation du sol, la pose, la coupe, le coulage des joints et le nettoyage.

Le sol doit être préparé à 4 centimètres et demi au-dessous du niveau des seuils ; on peut faire cette préparation — suivant la nature du sol et la fatigue que le carrelage peut avoir à éprouver — soit en un béton de chaux et de gravillon, soit en machefer et en gros sable, soit encore en une simple forme de sable. Le sol ainsi préparé, le mortier nécessaire à la pose se fait avec du sable fin de rivière, à raison de 25 litres par mètre carré et 8 kilogrammes de ciment (Portland ou Vassy). Il ne faut laisser, dans ou sous la forme, aucun plâtras, qui ferait certainement soulever le carrelage, lorsque le sol deviendrait humide et cela même au bout de plusieurs années.

La coupe des carreaux s'opère au moyen d'une petite scie de marbrier (c'est-à-dire sans dents) ou encore avec un outil aigu, comme un tiers-point, avec lequel on trace, sur le dessus du carreau, un trait assez profond suivant la ligne de coupe ; lorsque le trait a atteint 2 millimètres, le carreau se sépare en le frappant à faux sur sa face inférieure.

Le coulage des joints se fait au moyen d'un lait de ciment de Portland, fait à raison de 1 kilogramme par mètre carré de surface : l'ouvrier promène ce *coulis* sur tout le carrelage à l'aide d'un balai, de façon à remplir tous les joints ; prenant ensuite de la sciure, il enlève toute trace de ciment et répand sur son carrelage de la sciure fraîche — toujours de bois blanc — que l'on devra laisser séjourner une huitaine.

Il est entendu que la pose des carreaux ne doit se faire que lorsque tous les corps d'état — menuisiers et peintres surtout — auront terminé leurs travaux. La pose des seuils est également indispensable pour assurer un bon nivellement.

On fait aussi des *carreaux en grès céramique* ; ces carreaux ont une grande dureté, étant cuits jusqu'à

vitrification. La figure 53 ci-dessous montre ces carreaux ou briques de grès vitrifié pour carrelages et revêtements ; on les strie pour les rendre moins glissants

Fig. 53. — Carreaux en grès.

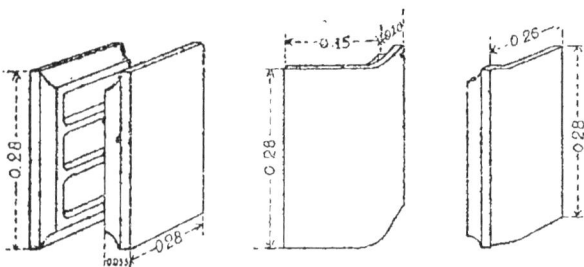

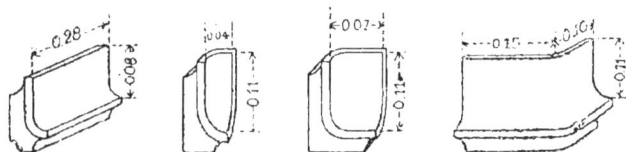

Fig. 53 *bis*. — Congés et angles en grès.

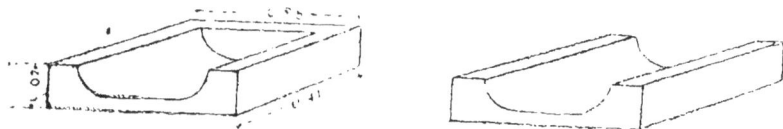

Fig. 54. — Caniveaux en grès.

et les orner. Ces carreaux se posent à bain de ciment
et se coupent au burin ou ciseau à froid.

La figure 54 montre des *caniveaux en grès cérame*
applicables dans les carrelages des cours, urinoirs,
écuries, etc...

Citons encore les carreaux en *pierre de verre* dont

une grande application fut faite au Métropolitain de Paris. Ces carreaux ne tardent pas à devenir glissants mais ils sont imperméables et peuvent être entretenus très propres.

Carrelage en mosaïques. — Les mosaïques sont formées de petits fragments de pierres de couleur, de marbres ou d'émaux colorés, verres de couleur ou verre cuit et même de métaux, juxtaposés et incorporés dans un ciment ou mastic de façon à former des dessins, tableaux, figures d'hommes ou d'animaux, ornements décoratifs, etc...

L'ouvrier mosaïste prépare des *petits cubes* ou des *fragments irréguliers* de pierres colorées, classées par couleur dans des cases différentes. Il trace sur la surface à recouvrir le dessin du modèle donné et pose ses pierres de couleur les unes contre les autres en les fixant au fur et à mesure dans le ciment ou mastic que l'on prépare au moment de l'emploi.

Quand le travail est terminé et que le mastic est bien dur, on polit l'ouvrage avec de la poudre de grès délayée dans l'eau et avec un polissoir plan ; on achève le polissage à la pierre ponce, puis on rebouche les trous qui peuvent provenir d'un manque de mastic et enfin on lustre avec de l'encaustique à la cire blanche et essence de térébenthine.

Voici une formule de mastic pour mosaïque d'extérieur et d'intérieur :

Pouzzolane	10,5
Brique pilée	4,5
Chaux éteinte	8,5
Eau	1,5

On peut aussi employer du ciment Portland gaché avec du sable très fin et bien pur.

4.

Pour faire la *mosaïque semée,* on étale un bain de mortier de ciment portland de faible épaisseur et on y incorpore rapidement des pierres de diverses couleurs concassées en morceaux irréguliers mais de même grosseur (1 centimètre environ de côté) et mélangés ensemble.

Les pierres de diverses couleurs ainsi réunies au hasard forment un décor agréable. On coule ensuite du mortier de ciment pour reboucher les trous et, après durcissement, on polit à la poudre de grès, à la ponce et on lustre à l'encaustique.

Petits cailloux agglomérés au Brai. — On emploie pour faire ces sortes de carrelages, des roches aussi dures que possible, par exemple des granits des Vosges ou de Bretagne que l'on broie à la machine de manière à les réduire en débris ayant au plus un centimètre de côté ; on mélange ces petits cailloux avec *du brai* goudronneux ou du bitume, chauds et on étale cette pâte chaude sur une fondation en béton lui laissant seulement une épaisseur de deux à trois centimètres.

Après refroidissement on obtient ainsi une surface résistant bien à la marche et au roulage des voitures. On l'emploie à Paris pour réparer les voies publiques.

CHAPITRE VI

LEGERS OUVRAGES DE MAÇONNERIE
ENDUITS

Les *légers ouvrages* de maçonnerie sont tous ceux qui se font après le gros œuvre. Le prix des légers ouvrages est déterminé en prenant comme base d'estimation : les languettes de cheminées pigeonnées et de 8 centimètres d'épaisseur, ravalement compris ; les plafonds ordinaires, lattés, jointifs ou avec augets plats ; les pans de bois d'une épaisseur ne dépassant pas 18 centimètres ; les cloisons légères de 11 centimètres d'épaisseur au plus, lattées, hourdées et ravalées des deux côtés.

Tous ces ouvrages ayant à peu près la même valeur, il est d'usage de les évaluer à l'unité de légers ouvrages. Si l'on dit qu'un ouvrage est réduit au quart de légers, cela signifie que sa surface réelle doit être réduite au quart pour avoir la surface équivalente en légers ouvrages pris pour base d'évaluation. Si l'on dit réduit ou compté à un et demi de légers, on entend que l'ouvrage doit être compté pour faire une fois et demie sa surface réelle, c'est-à-dire qu'un ouvrage de 20 mètres sur 2 ou de 40 mètres carrés, doit être compté comme 60 mètres de surface dans l'évaluation de son prix.

Par l'expression sur 6 centimètres courant de légers on entend un ouvrage mesuré en longueur et dont l'évaluation ou la réduction en légers a été faite sur le nombre qui indique sa valeur ; par exemple, une naissance de 4 mètres de long sur 6 centimètres de légers, sera estimée :

$$4 \times 0 \text{ m. } 06 = 0 \text{ m. } 24 \text{ de légers ouvrages}$$

Lorsqu'on dit qu'un ouvrage est compté pour 75 centimètres de légers, cela signifie que le travail n'est susceptible ni de réduction, ni d'augmentation en légers, et qu'il doit être compté comme 75 centimètres carrés de légers ouvrages.

Le prix de l'unité de légers ouvrages est de 4 fr. 50 le mètre carré. Les légers ouvrages se font dans l'ordre suivant :

Les hourdis des planchers au fur à mesure de la pose des planchers ; si la toiture n'est pas posée, on laisse des trous dans les hourdis pour l'écoulement de l'eau de pluie.

Les *ravalements, plafonds, enduits, cloisons, cheminées adossées* se font à partir de l'étage le plus élevé et allant du haut en bas de l'immeuble.

Bardeaux. — Planches en bois de chêne ou autre bois refendu de 5 à 10 centimètres de large 1 à 2 centimètres d'épaisseur et 30 à 40 centimètres de longueur. On s'en sert pour dresser les hourdis ou aires en plâtre ; les bardeaux sont posés sur des *liteaux* cloués le long des solives.

Lardis. — Les lardis de clous à bateau se font sur les parties qui doivent être reliées à la maçonnerie ou enduites. Les clous à bateau ont la tige carrée, leur tête est large, leur longueur est de 4 centimètres. Les clous à lattes sont plus petits et à tête ronde.

Le recouvrement consiste à latter et à larder de clous à bateau, puis à enduire les pièces de charpente qui ne doivent pas rester apparentes. Ce travail se fait dans les combles, sur les rampants d'escaliers, etc... Préalablement à l'enduit, on fait un gobetage, qui consiste à éclabousser les surfaces de plâtre gâché clair.

Lattis. — Les lattis sont dits *jointifs* quand l'espace entre les lattes n'est que d'un *centimètre* ; dans les lattis

Fig. 55. — Lattis Bacula

espacés, l'intervalle entre les lattes est de 8 centimètres pour un plafond et de 18 centimètres pour les enduits de pans de bois.

Les lattes des deux faces d'un pan de bois ne doivent pas être en face les unes des autres ; s'il y en a de noueuses ou tordues, on met la partie tordue vers l'intérieur du mur ou du plancher. Les lattes en cœur de chêne flotté sont les meilleures et les plus résistantes ; on fait aussi des lattes en châtaignier refendu et en sapin débité à la scie.

Les lattes de Paris ont 1 m. 30 de long, 3 à 4 centimètres de large et 5 à 8 millimètres d'épaisseur, il en

faut 19 par mètre carré pour un lattis jointif pour plafond, ce qui demande 40 à 45 minutes de temps de
maçon et aide (7/10 d'heure).

Le *lattis Bacula* est composé de petites lattes de
sapin de 12 millimètres × 12 millimètres assemblées
par des fils de fer fins distants de 0 m. 25 environ ;
entre chaque latte il y a un espace d'environ 1 centimètre. Ce lattis est vendu en rouleaux comme on le
voit sur la figure 55 qui en montre la pose sous un solivage ; son emploi gagne beaucoup de temps.

Pour les *plafonds sous béton armé*, voir volume III.

Crépis et enduits. — Pour faire un *enduit*, on établit
des *repères* en plâtre sur la surface à recouvrir, de manière que le plan des faces de ces repères passe à une
distance moyenne de 15 millimètres de toutes les parties du mur. Si quelques moellon dépasse, on fait tomber la partie gênante ; cela ne doit pas se présenter
dans un limousinage convenable. Ceci fait, on *jette*, entre deux repères, du plâtre gâché serré, et l'on y bat la
règle avec la hachette jusqu'à ce qu'elle vienne reposer sur les repères, et avec le *riflard* (sorte de couteau)
on enlève avec soin le plâtre qui dépasse de chaque
côté de la règle. On a ainsi une petite bande de plâtre
de 3 centimètres de large, dont la surface donne l'af-
fleurement de l'enduit projeté. Cette opération s'appelle *battre un nu*. On étend du plâtre, entre les nus
battus, à la truelle d'abord, à la *taloche* ensuite (fig. 54,
volume II).

Une *cueillie d'angle* est l'ensemble de deux nus formant par leur rencontre un angle rentrant. Pour la
faire, on fixe dans l'angle une règle carrée maintenue
à la bonne distance de la maçonnerie par des *chevilles*,
puis on jette du plâtre entre la règle et le mur.

Pour faire une *arête*, on fixe par des chevilles une règle plate à la distance moyenne de 15 millimètrs du mur à enduire et de sorte que l'un des bords occupe la position de l'arête. On jette du plâtre entre la règle et le mur et l'on enlève à la brette ce qui dépasse le bord de la règle.

Pour faire les nus, les cueillies et les arêtes, on se sert du plâtre au panier, et l'on gâche serré, afin que la règle puisse être détachée une fois l'opération faite.

Les *feuillures*, renforcements dans les pieds droits des baies, se font comme les angles, au moyen d'une règle d'épaisseur voulue.

Un *renformi* est une surépaisseur de plâtre par rapport à l'épaisseur moyenne de l'enduit. On emploie le renformi pour dresser un mur ou dans le cas d'épaisseur insuffisante. Si le *renformi* a une certaine épaisseur, il est bon de le consolider contre le mur par queques clous à bateaux ou *rappointis* plantés dans les joints du mur.

Un enduit vertical a 15 à 20 millimètres d'épaisseur, un enduit de plafond 3 centimètres en moyenne.

Pour faire un *crépi* ou enduit grossier, on emploie du *plâtre au panier*, et l'on dresse l'enduit à l'aide de la *brette*, couteau denté emmanché comme un râteau ou truelle Berthelet (fig. 59, vol. 2).

Pour un enduit fin, on commence par faire le crépi en plâtre au panier, en lui donnant un désaffleurement léger par rapport aux nus, et par dessus, on étend l'enduit proprement dit de plâtre au sas. On commence à dresser avec la partie brettée de la brette et l'on finit avec le tranchant droit du même instrument, puis on lisse à la truelle.

Pour un crépi sur vieux mur, on fait un *hachement* du vieux crépi et l'on mouille, afin d'assurer l'adhérence du crépi neuf.

Les enduits simples ont de 1 centimètre à 14 millimètres d'épaisseur ; ceux faits sur crépi ont de 7 à 10 millimètres. Un crépi en plâtre sur brique, moellon ou meulière vaut 0 fr. 95 à 1 fr. 25 le mètre superficiel.

Le crépi moucheté vaut 1 fr. 50.

Pour colorer les enduits on emploie les ocres jaunes, rouge ou brun et le noir de fumée.

L'ocre rouge mélangé au plâtre au sas au moment du gâchage, donne la couleur de brique.

On fait des *enduits mouchetés* en mêlant au plâtre une grande quantité de mouchettes ou en secouant un balai trempé dans le mortier sur la surface enduite et avant la prise.

Les enduits d'intérieurs se font en plâtre comme les plafonds. Les enduits en ciment romain se font à la truelle et se dressent avec le tranchant de cet outil.

L'application des enduits en chaux hydraulique ou Portland se fait sur l'extrados des voûtes, sur les murs de soubassements, sur les murs et radiers de réservoirs, de citernes, de fosses, d'aqueducs, etc... Lorsque l'enduit doit être appliqué sur la maçonnerie neuve hourdée en mortier de chaux, si les parements sont assez bruts pour présenter des aspérités suffisantes pour retenir l'enduit, on dégrade légèrement les joints si l'enduit est en mortier de chaux, et très profondément s'il est en ciment, afin qu'on puisse les garnir d'un rocaillage. L'ouvrier brosse et mouille les parements.

S'il s'agit d'une vieille construction dont les parois sont unies et couvertes de matières nuisibles à l'adhérence du mortier, ou d'une maçonnerie hourdée en plâtre ou du mortier de terre, on dégrade les joints profondément et carrément, puis on pique à la pioche les matériaux, afin de priver les parements des parties altérées et d'y pratiquer des aspérités. On frotte alors les parements avec des balais très durs, puis on les lave à l'eau avec des brosses. Cela fait, on remplit les plus grands joints d'un rocaillage en mortier de gros sable, puis on pose l'enduit de mortier, au moyen de la taloche.

Les enduits ne s'appliquent généralement pas à l'extérieur de la maçonnerie en pierre de taille, brique ou meulière, parce qu'on taille ordinairement la pierre et la meulière à faces aussi lisses que possibles. Les travaux en moellons et petits matériaux irréguliers, qui necessiteut des joints d'une certaine largeur s'enduisent pour les préserver des influences atmosphériques et leur donner l'aspect de la pierre de taille en traçant sur l'enduit de faux joints d'appareil que l'on teinte avec un mortier coloré.

Pigeonnages. — Ce sont des cloisons légères faites en plâtre pur gâché serré à la main et à la taloche au fur et à mesure de son emploi et pendant la prise.

Les *coffres de cheminée*, les *hottes de cuisine* sont faits en *pigeonnages*. Pour que le pigeonnage soit adhérent contre le mur auquel il est appliqué, on *repique* profondément l'enduit et les joints du mur et on mouille la surface ; si le pigeonnage est important, ou en *surplomb*, on doit planter dans le *mur dosseret* des clous à bateaux ou mieux des *rappointis* assez longs qui sont noyés dans l'épaisseur du plâtre ; les *hottes* de fourneaux de cuisine sont quelquefois soutenues par une *armature* en fer scellée dans le mur et armées par des fils de fer noyés dans l'épaisseur du plâtre.

Les *conduites de fumée adossées* qui se faisaient autrefois en pigeonnage se font plus solidement avec des *boisseaux* en terre cuite scellés le long du mur ou noyés dans son épaisseur.

Corniches et moulures en plâtre. — Pour faire une
corniche ou moulure en plâtre, on forme à la place
qu'elle doit occuper une masse de plâtre PP dont la
saillie soit un peu moindre que celle de la corniche ;
des rappointis assurent au besoin la fixité de cette
masse. On fixe une règle droite *b* contre le mur, en bas
de la corniche et une autre *b'* en haut de la moulure
ou de la corniche, contre le plafond ; ces deux règles
sont parallèles entre elles et à la direction de la mou-

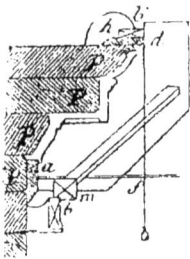 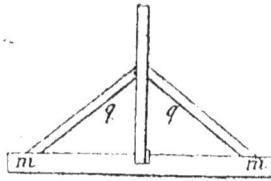 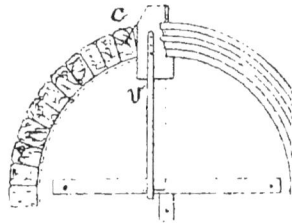

56   57   58

Fig. 56 à 58. — Construction d'une corniche.

lure. On prépare un calibre *a m d* en bois ou en tôle
(fig. 56), composé d'une règle de guidage *m, m* (fig. 57)
qui présente un angle rentrant pour pouvoir coulisser
sur la règle *b* ; la fixité du calibre sur la règle *m m* est
assurée par les jambettes *q q*. Puis, on applique une
couche de plâtre clair contre la masse solide, et on
fait les moulures en passant dessus à plusieurs repri-
ses, le calibre en tôle ou en bois dont le pourtour est
taillé suivant la forme des moulures.

Un fil à plomb *f* sert à vérifier la bonne position du
calibre. En faisant glisser le calibre sur la couche de
plâtre, de manière que l'angle rentrant de la règle *m m*
suive bien l'angle saillant de la règle fixée contre le
mur, on obtient une corniche bien droite.

Ordinairement, dans la corniche, pour retenir la

partie en saillie, on place de distance en distance des barres de fer ouvertes en Y à leurs extrémités (*à queue de carpe*).

Les moulures de lambris comme les entablements, cordons, chambranles, plafonds sont également *traînées* comme il vient d'être indiqué. Pour les plafonds, le calibre s'appuie sur deux règles. Pendant qu'un ouvrier tire le calibre, un autre le pousse dans le sens des règles fixes. Ce n'est pas du premier coup que la moulure se dégage nettement ; quand on approche de la fin de l'opération, c'est du plâtre au sas ou du plâtre au tamis de soie que l'on emploie pour *charger* la moulure. Dans les angles et encoignures et lorsque deux corps de moulures se rencontrent, le *raccord* se fait à la main, à la truelle et au rabot ou grattoir.

Les moulures cintrées se font de même, mais en ce cas, le calibre *c* est installé sur une sorte de *compas à verge v*, comme le montre la figure 58.

Les *cloisons* de plâtre, les scellements, les revêtements de tuyaux de descente, ceux des tuyaux d'évent, des tuyaux de chute et leur pose, les *solins* ou mises de plâtre en raccordement des surfaces dans les angles rentrants, les *calfeutrements* de croisées, etc..., sont comptés dans les légers ouvrages. Les calfeutrements de croisées ou de portes, les solins et généralements tous les apports de plâtre ou de mortier sur des enduits déjà pris ne doivent être faits qu'après qu'on a *haché* l'enduit existant afin de permettre la reprise du nouveau mortier ou plâtre.

Enduit dit blanc en bourre. — Cet enduit, dont nous avons parlé page 131 du volume II, remplace le plâtre dans les constructions rurales ; il convient pour l'extérieur et l'intérieur. Voici sa composition :

Terre argileuse délayée dans l'eau . . . . .   4 à 5 parties
Chaux grasse éteinte depuis plusieurs mois   1   partie
Bourre ou poils de veau ou d'autres animaux, ou résidus
de la tonte des draps, en quantité suffisante pour lier
la pâte.

Cet enduit s'applique en plusieurs couches successives de 2 centimètres, 1/2 centimètre et 3 millimètres qui doivent être appliquées avant que la couche
sous-jacente ne soit sèche.

Après huit à dix mois de prise, l'enduit de blanc
en bourre peut recevoir une peinture.

Enduits hydrofuges. — Ces enduits se font au mortier de ciment prompt ou portland, à l'asphalte ou
mastic bitumineux (voir au chapitre *Pavage en asphalte*)
ou encore avec diverses peintures hydrofuges dont
nous donnerons les formules au chapitre *Peinture.*

(Voir aussi le chapitre *Revêtements*).

Enduits pour l'extérieur. — A Paris, on fait beaucoup d'enduits extérieurs ou *ravalements* en plâtre ;
ils durent peu d'années, à moins de les peindre à plusieurs couches de peinture à l'huile qui est renouve-
lée tous les dix ans.

Les enduits pour extérieur se font en mortier de
chaux grasse ou hydraulique ; ceux des soubassements et endroits humides se font en mortier de ciment portland.

Dans les pays très pluvieux, on recouvre les murs
exposés à la pluie de revêtements en ardoises ou en
zinc, qui empêchent la pénétration de l'humidité dans
le mur.

CHAPITRE VII

PLAFONDS ET REVÊTEMENTS

Plafonds en plâtre. — Les *plafonds* enduits en plâtre se font avec ou sans hourdis. Si le plancher est hourdé en plâtre, en ciment, en terre cuite ou par tout autre procédé (voir volume IV et V, *Planchers*), le maçon ayant fait son échafaudage sur le parquet inférieur, *jette* du plâtre gâché assez serré sur la surface du plafond et l'égalise en l'étendant avec une planche à manche ou *taloche* (fig. 54, vol. II). Ce premier *jetage* de plâtre se fait avec du plâtre grossier dit *plâtre au panier* ; ensuite le mçcon racle la surface ainsi obtenue avec la truelle Berthelet (fig. 59, vol. II) ou avec la *brette*. L'ouvrier étale alors un deuxième enduit fait avec du plâtre tamisé dit *plâtre au sas* avec lequel il achève de lustrer le plafond.

Si le plancher n'est pas hourdé et que le parquet ne soit pas posé au-dessus, on fait un plafond léger en clouant sous les solives un *lattis* en lattes de chêne ou de sapin espacées de 5 à 10 millimètres les unes des autres ; ces lattes ont 3 centimètres sur 5 millimètres et sont clouées avec des pointes de 2 centimètres à 2 cm. 1/2 de longueur ; le maçon échafaude sous le plafond un couchis de planches bien planes que l'on soutient par des écoperches et des étrésillons à environ un centimètre et demi du lattis. L'ouvrier coule alors du plâtre gâché assez serré par-dessus le plancher et entre chaque solive ; ce plâtre pénètre entre les lattes et remplit l'espace compris entre les planches et les lattes ; c'est le procédé à la *Parisienne,* qui forme les *auguets* entre les solives.

Le plafond se trouve ainsi grossièrement formé sur une épaisseur de 3 centimètres environ. Les planches du couchis sont enlevées dès que le plâtre est pris et il ne reste plus qu'à enduire le plafond avec du plâtre fin, à la taloche et lissé à la truelle, comme il a été dit précédemment.

Si le parquet est posé au-dessus du plancher, on fait un plafond léger en clouant des lattes espacées de 1 centimètre et en faisant pénétrer le plâtre entre elles par dessous, au moyen de la taloche sur laquelle on met de fortes charges de plâtre gâché un peu clair et qu'on étale rapidement. Ce procédé est employé dans les campagnes ainsi que le suivant dit procédé à l'*Italienne.* On prépare des planches bien planes et des étrésillons de longueur convenable pour appliquer ces planches sous le lattis. Ceci fait, on recouvre une planche d'une couche de plâtre gâché clair et on l'applique vivement sous le lattis, en l'y serrant avec les étrésillons, ce qui fait pénétrer le plâtre entre les lattes. Quand le plâtre est pris, c'est-à-dire au bout d'une heure ou deux, on décolle les planches et le plafond est formé. Les augets se font ainsi entre chaque groupe de solives et l'ouvrier a soin de *piquer* avec sa hachette l'auget qu'il vient de terminer pour qu'il se relie au suivant.

Plafonds hourdés. — Nous avons parlé des *hourdis* aux volumes IV et V, nous mentionnerons seulement ici les *hourdis suspendus,* système Cancalon, qui forment un plafond continu sous le solivage (fig. 59 à 62).

C'est le principe de la suspension qui permet d'obtenir, comme le montrent nos dessins un hourdis- plafond monolithe homogrène courant sous le solivage avec lequel il n'est pas complètement solidaire. Il est maintenu aux solives par des agrafes métalliques en acier galvanisé inaltérable ou des clefs céramiques

Fig. 59.   Fig. 60.

Mode de suspension
des hourdis n° 1
par agrafe métallique clouée
sur le côte de la solive en bois

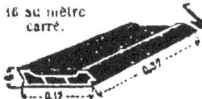

Brique et agrafe constituant les éléments du hourdis-plafond n° 1 pour solivage en bois.
Poids: 1k,300.

Vue perspective d'un hourdis-plafond n° 1, sur solivage en bois.
Poids du mètre carré : 35k,000.

Mode de suspension
des hourdis n° 2
par clef céramique échancrée
posant sur l'aile des solives en fer

Mode de suspension
des hourdis n° 1
par agrafe métallique crochetée
sur l'aile des solives en fer.

Vue perspective d'un hourdis-plafond n° 1 sur solivage en fer avec agrafes métalliques.
Poids du mètre carré : 35k,000.

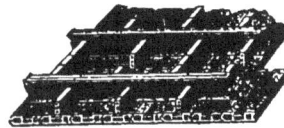

8 à 10
au mètre
carré.

Clef céramique de suspension
pour hourdis n° 2
Poids : 1k,000.

16 au mètre
carré.

Brique-hourdis n° 2
constituant avec les clefs
les éléments du hourdis-plafond n° 2
pour solivage en fer.
Poids : 2k,300.

Vue perspective d'un hourdis-plafond n° 2
sur solivage en fer avec clefs céramiques.
Poids du mètre carre : 40k,600 tout compris.

Fig. 61.   Fig. 62.

Fig. 59 à 62. — Hourdis.

faisant corps avec le plafond lui-même et dont la résistance et le nombre sont en rapport avec la charge à supporter.

Les briques à emboitement formant les éléments du plancher sont posées à joints croisés scellés au plâtre ou mortier de ciment dont l'ensemble constitue une sorte de cloison horizontale sur laquelle on peut appliquer un enduit au plâtre ou mortier de chaux formant la partie apparente du plafond.

Ce système de plafond monolithe ayant, d'une part,

une rigidité propre très grande et, d'autre part lais
sant aux solives une certaine indépendance, celles
ci peuvent jouer ou se dilater dans une mesure appré
ciable sans que le plafond participe à leurs mouve
ments (Voir volumes III, IV et V.)

Les *planches de plâtre* permettent de faire rapide
ment des plafonds solides *sans lattis* : elles sont cons

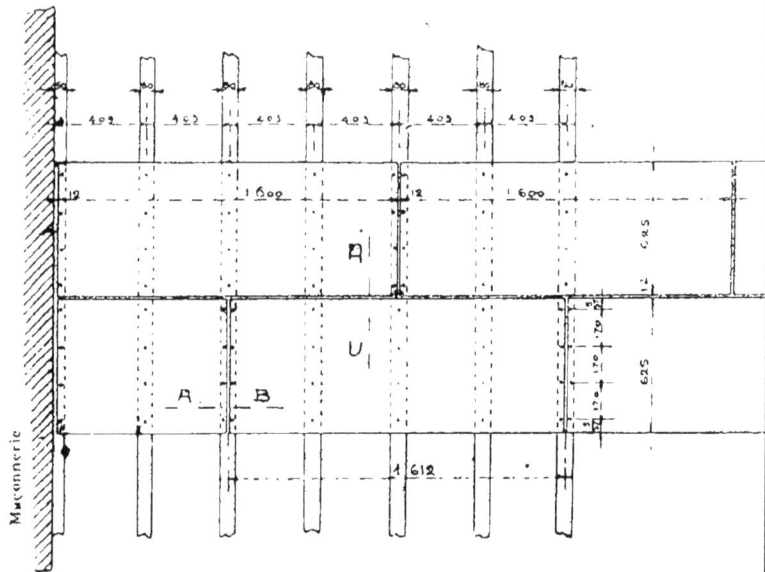

Fig. 63. — Pose des planches de plâtre.

tituées par un aggloméré de *fibres végétales* et de plâ
tre ayant 20 à 50 millimètres d'épaisseur ; longueurs
1 m. 60 à 2 m. 50, largeur 25 centimètres ; se posent
avec des *clous galvanisés à large tête*, la *partie rugueuse*
en dessous ; il suffit ensuite de donner un léger enduit
de plâtre fin. La figure 63 montre la pose de ces plan
ches de plâtre dont on *croise les joints* sous les solives.

Les *planches de staff* ont $165 \times 60 \times 1,2$ centimè
tres et se posent comme celles de plâtre ; elles sont

plus légères et plus solides, étant armées de fibres végétales.

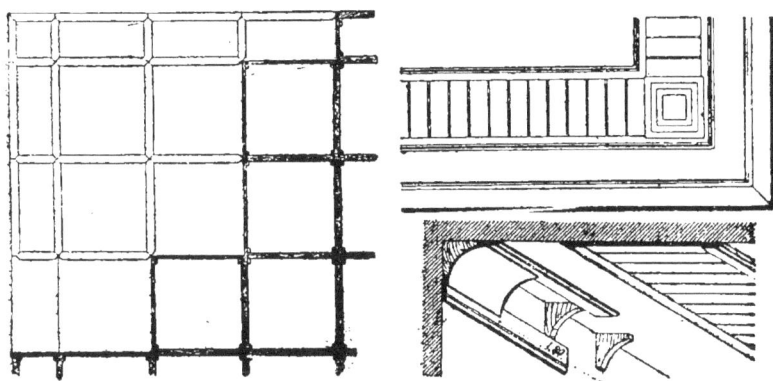

Fig. 64 et 65. — Plafonds avec corniches.

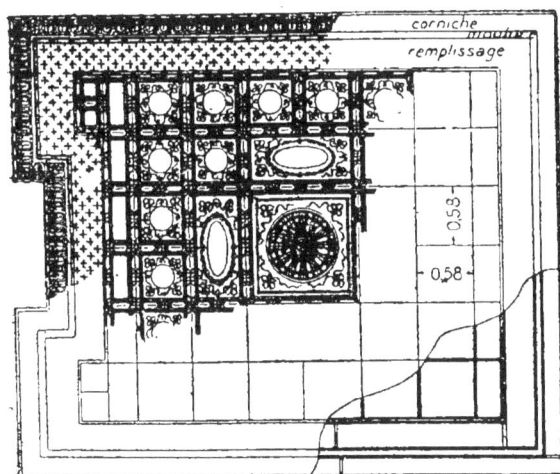

Fig. 66. — Plafond en tôle d'acier.

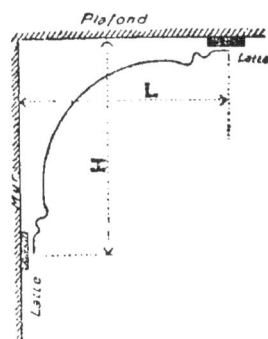

Fig. 67. — Pose
d'une corniche en tôle d'acier.

Plafonds et revêtements en fibro-ciment, amiante, etc.
— Pour établir ces plafonds ou revêtements, le clouage
des panneaux se fait directement sur les solives et
traverses, au moyen de pointes à larges têtes.

5.

Pour fixer les couvre-joints, on emploie de préférence des pointes en laiton ou en cuivre (fig. 64).

Le prix de revient de ces plafonds est inférieur à celui du plâtre, leur durée est indéfinie, et leur poids insignifiant.

On pourra établir des plafonds plus décoratifs en rapportant des moulures en fibro-ciment sur les panneaux, comme le montre la figure 65. Ces plafonds

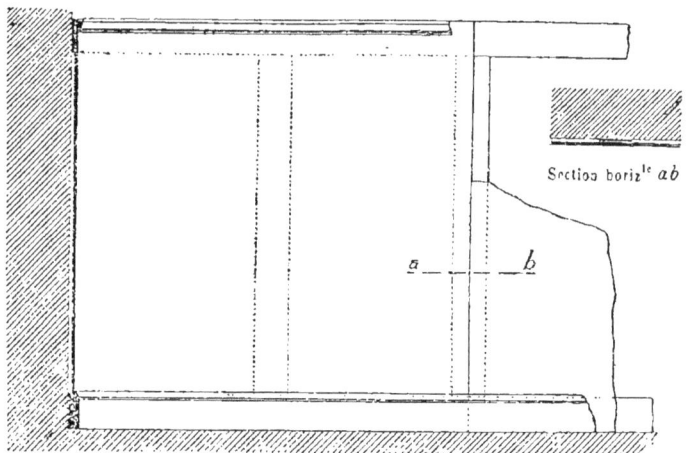

Section horiz^le ab

Fig. 68. — Soubassement en fibro-ciment.

et revêtements en fibro-ciment ou en amiante sont incombustibles et supportent l'humidité, les vapeurs et les acides, ce qui les rend précieux pour les locaux industriels.

Quand il s'agit de revêtir des murs humides ou salpêtrés, il est à recommander, partout où cela est possible, de ne pas fixer les panneaux en fibro-ciment sur ces parois, mais de laisser entre le mur et le fibro-ciment un espace d'air, qu'on obtiendra en clouant les plaques sur des lamelles de fibro-ciment de 5 millimètres d'épaisseur au moins (fig. 68).

On trouvera facilement dans les chutes et les rognures des plaques, de quoi confectionner les lamelles nécessaires.

Il est important que tout au moins les *joints* des plaques soient faits comme l'indique la coupe *ab* du croquis ci-contre (fig. 68), car dans le cas contraire, l'humidité et le salpêtre pourraient trop aisément passer par le joint, si bien mastiqué qu'il soit.

Prix du fibro-ciment pour revêtements (en 1914).

Panneaux de 1 m. à 1 m. 20 × 2
  à 3 m., épaisseur 1200 /1200 /5
  mm .... 1.80 le mq.
Epaisseur 5 mm. .... 1.60   —
Epaisseur 10 mm. .... 3.70   —

Plafonds et revêtements en tôle d'acier. — On fait des plaques en tôle d'acier pour plafonds revêtements muraux, lambris, corniches, frises, bordures, moulures, etc..., en tôle d'acier estampée de 3 dixièmes de millimètre d'épaisseur, en plaques ou feuilles portatives pesant 2 kgr. 600 par mètre carré.

Celles-ci s'adaptent, se rejoignent et s'emboîtent avec précision et régularité et forment, une fois en place, un tout étroitement solidaire, sans solution de continuité à l'endroit des jointures.

En outre de leur solidité, de leur incombustibilité et autres avantages, elles sont antimicrobiques, ne se crevassent jamais, et, par suite, ne nécessitent pas de réparations.

Ces plaques se posent très facilement, soit dans des constructions neuves, directement sous le solivage, soit sous d'anciens plafonds en y faisant un lattis.

Les figures 66 et 67 montrent la pose de ces plaques.

Dimensions des caissons : 0 m. 61 × 0 m. 61 environ.

Les corniches, frises moulures, ont 2 m. 40 de longueur environ, 3/10 à 3/10 1/2 d'épaisseur et pèsent 2 kgr. 500 environ le mètre carré.

Les lattes doivent avoir environ 4 centimètres de largeur sur 1 ou 2 centimètres d'épaisseur pour les dessins courants et, pour les dessins à caissons, 25 × 25 millimètres.

Les pointes à employer pour clouer les lattes sont du 35/16, et celles pour fixer les feuilles 27/10 tête étroite en acier dur et têtes quadrillées.

La décoration ou peinture se fait sur place après la pose.

Revêtements. — Il est nécessaire qu'il existe derrière les revêtements contre murs humides une couche d'air, libre de toute circulation, pour prévenir le développement de la salpêtration des maçonneries.

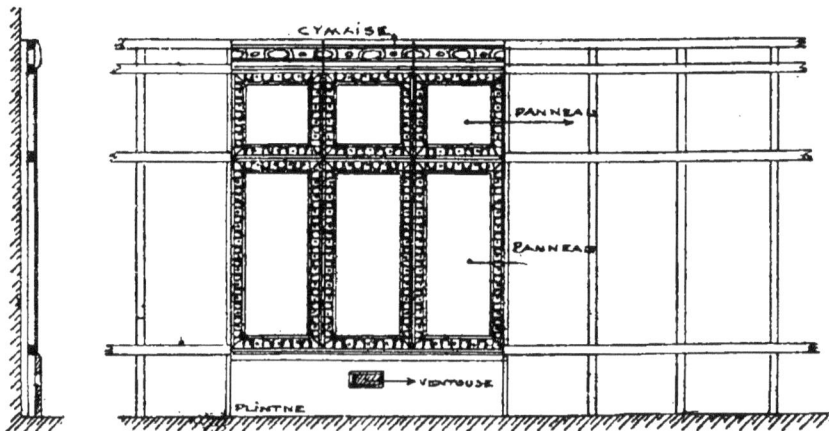

Fig. 69. — Revêtement vertical.

On obtient ce résultat en plaçant des ventouses dans les plinthes et en constituant les panneaux de lattage de telle manière que la circulation de l'air puisse se faire librement. On y arrive en fixant les lattes sur des tasseaux, distants les uns des autres (fig. 69).

Ce qu'il importe surtout de bien observer c'est que la couche d'air qui se trouve derrière le revêtement doit former cheminée, ayant sa prise d'air par les ventouses placées dans les plinthes et son échappement à la partie supérieure du revêtement qui se termine dans la plupart des cas derrière la corniche et sous le plafond. Un dispositif établi dans ces conditions donne les meilleurs résultats ; l'ouverture et la fermeture des portes suffisent pour provoquer le déplacement d'air nécessaire.

Pour le cas où on voudrait arrêter le revêtement à hauteur de cymaise, l'échappement de la ventilation doit trouver issue au joint de cette cymaise.

Plafonds et revêtements en terre cuite. — Ces plafonds, d'une grande solidité, résistants au feu, et très décoratifs, se composent de *hourdis decorés, rosaces, cabo-*

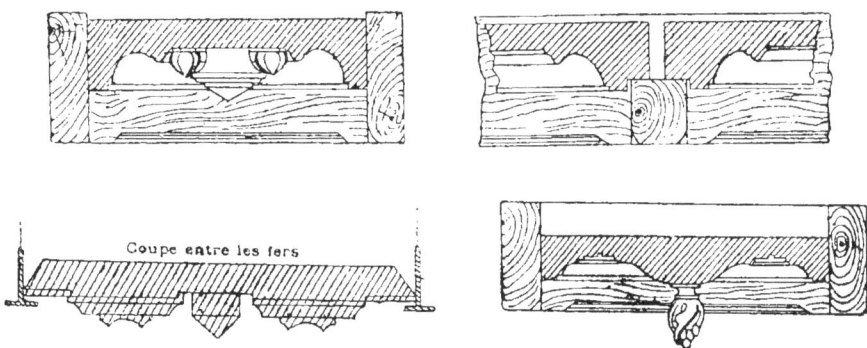

Coupe entre les fers

Fig. 70 à 73. — Plafonds en terre cuite.

chons, métopes, qui se posent comme le montrent les figures 70 à 73, soit entre des encadrements formés par les solives en bois, soit sur les ailes des solives en fer.

Ces terres cuites sont quelquefois peintes ou émaillées avec une grande variété de couleurs inaltérables et lavables et la décoration ; les Tuileries de Bourgogne publient un album en couleurs contenant quantité de fort jolis modèles.

Les terres cuites décorées se font de même pour revêtements de murs, allèges de baies, attiques, pilastres, écoinçons, clefs d'arcs, frises, panneaux, soubassements, corniches, etc... On les scelle au plâtre ou au ciment en les consolidant au moyen d'attaches en fer ou en cuivre.

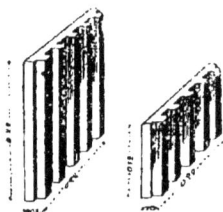

Fig. 74. — Carreaux de faïence.

Revêtements en carreaux de faïence et en grès. — Les carreaux de faïence émaillée, unie ou décorée, s'emploient pour salles de bains, laboratoires, cuisines, cheminées et poêles, et pour tous les endroits où l'humidité est en permanence (cabinets de toilette, W.-C.), ainsi que lorsqu'on désire faire des nettoyages antiseptiques (salles d'opération et d'hôpitaux, cliniques, etc.)

La figure 75 montre un panneau en carreaux de faïence décorée et émaillée.

Les carreaux en grès cérame servent aux mêmes usages.

Les carreaux de faïence et de grès ont généralement leur face postérieure striée comme le montre la gravure 74, ce qui augmente l'adhérence du mortier qui les relie au mur. On pose ces carreaux soit au plâtre, soit à bain de ciment portland gâché avec du sable fin. Il faut les mouiller avant de les poser.

Les dimensions des carreaux sont très variables,

ils sont carrés ou rectangulaires. Pour les couper on

Fig. 75. — Faïences décorées.

les scie du côté non émaillé, ils se cassent ensuite facilement à l'endroit de la coupure faite à la scie.

Il faut au mètre carré :

400	carreaux de	5×5	40	carreaux de	16×16
157	—	8×8	34	—	17×17
100	—	10×10	28	—	19×19
70	—	12×12	25	—	20×20
45	—	15×15			

On fait des carreaux qui ont jusqu'à 0 m. 40 × 0 m. 60.

On constitue souvent l'encadrement au moyen d'une cornière en fer ou en cuivre scellée.

Revêtements en briques moulurées ou décorées. — La planche 77 montre ces briques creuses ou pleines ; elles sont émaillées et décorées de manières variées ; on voit leur application à la construction de salles

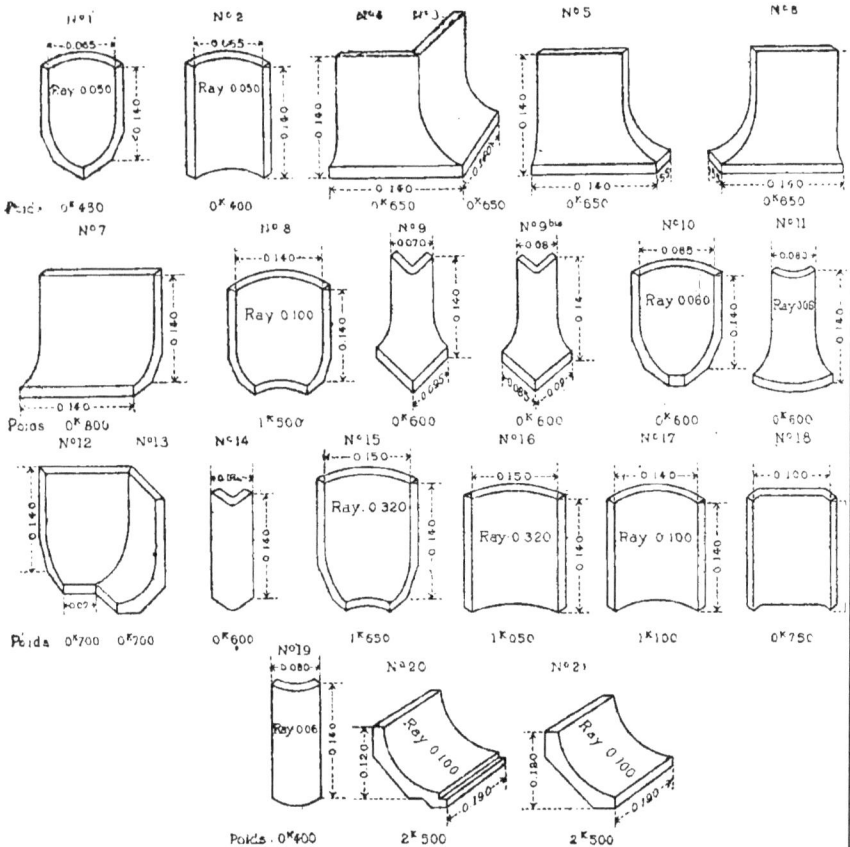

Fig. 76. — Raccordements d'angles.

sans angles vifs permettant un nettoyage facile et parfait.

Revêtements en dalles de verre. — De grandes dalles de verre coulé blanc ou coloré, quelquefois avec des ornements émaillés ou vitrifiés, sont employées pour

BRIQUES MOULURÉES-ACCESSOIRES DE REVÊTEMENT

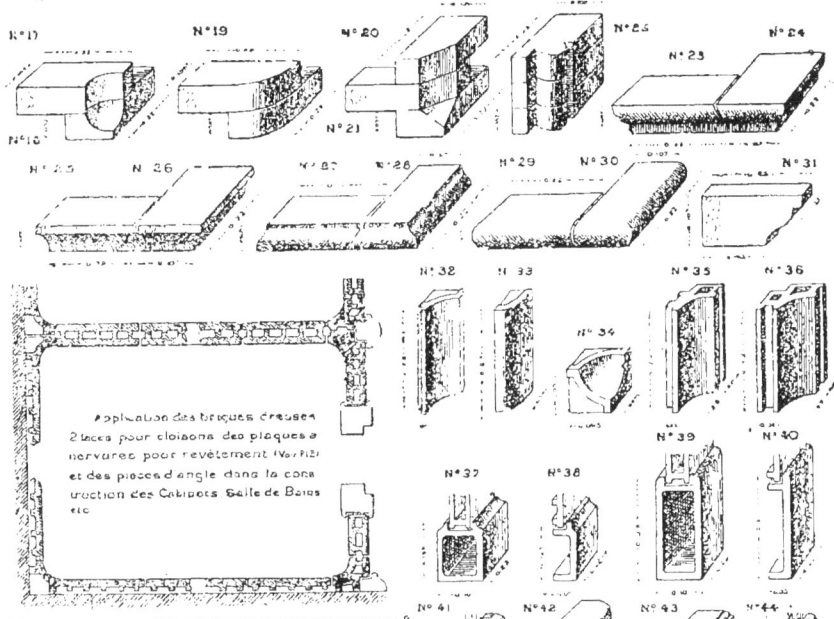

Application des briques creuses 2 faces pour cloisons des plaques a nervures pour revêtement (Var.72) et des pieces d'angle dans la construction des Cabinets Salle de Bains etc.

BRIQUES DÉCORÉES

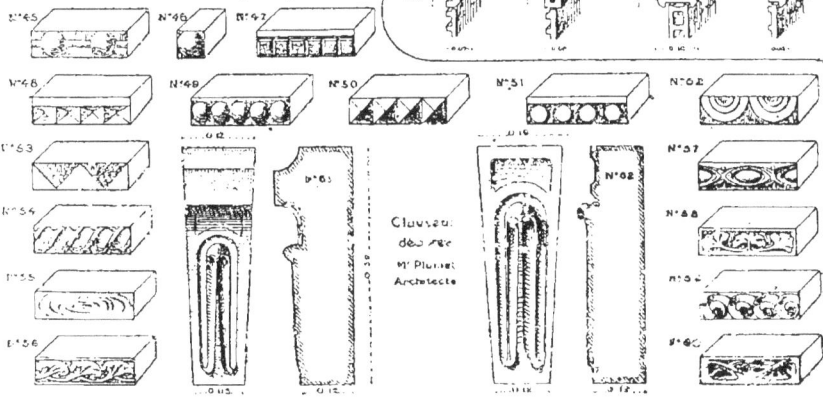

Les briques décorées ont 0,220 de largeur, 0,057 de hauteur et 0,107 de profondeur, sauf la brique N° 46 qui a 0,057 x 0,057 sur 0,107 de profondeur

Fig. 77. — Briques moulurées pour revêtements.

recouvrir les murs des salles de bains, W.-C., ou autres endroits où l'humidité règne et où il faut des nettoyages fréquents.

(Pour les glaces avec tain, voir *Vitrerie*.).

Les figures de la planche 76 montrent des raccordements d'angle pour revêtements en carreaux de grès-cérame de la Société des Produits céramiques de Boulogne-sur-Mer.

Ces revêtements permettent de faire des salles dans lesquelles il n'y a aucun angle vif permettant le logement des poussières et des microbes ; ils sont en grès émaillé blanc ou teinté.

Revêtements calorifuges. — Voir volume VI, page 117). Ces revêtements (fig. 78) se font généralement en briques ou plaques de liège aggloméré avec du

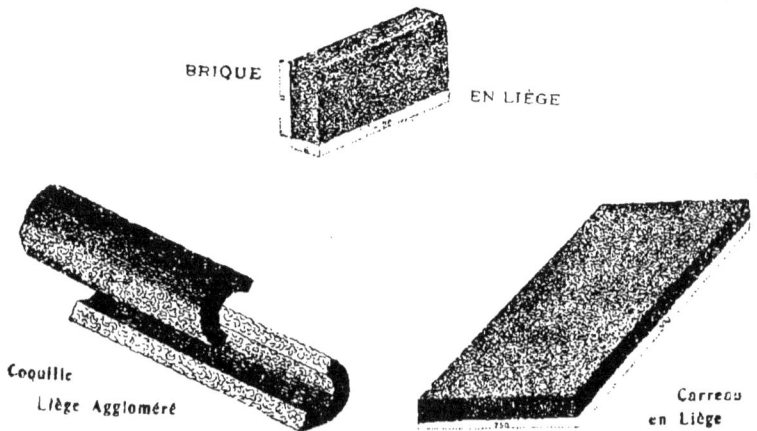

Fig. 78. — **Briques de liège aggloméré.**

ciment spécial ou du brai goudronneux ; ci-après nous donnons les prix des divers produits de liège aggloméré et la liste de leurs emplois dans le bâtiment.

La figure 79 montre la construction d'une salle de glacière d'après M. Wanner et Cie, à Paris.

Prix des produits en liège en 1914

Briques de $220 \times 110 \times 60$ (murs
  »   de 22).......Fr. 120 le mille,
  » $250 \times 120 \times 65$ Fr. 150   »
Carreaux de $500 \times 250 \times 30$ (8 au
      mètre carré). Fr...2 90 le mq.
  » $500 \times 250 \times 40$ Fr. .3 25   » .
  » $500 \times 250 \times 50$ Fr. .3 85   »
  » $500 \times 250 \times 60$ Fr. .4 65   »
Panneaux de 1 mètre de longueur en 4, 5 et 6 centi-
mètres d'épaisseur.
Pavés en liège .... 750 fr. le mille
Poudre de liège pour bétons et bourrages 25 fr. les
100 kgr.

*Emploi des briques et plaques en liège aggloméré
pour le bâtiment.* — a) Pour isolements de :

Chambres à glace, chambres réfrigérantes, caves de
fermentation ;

Caves de soutirage, dépôts de bière, fruitiers, etc.

Halles à congélation pour viande, gibier, volaille,
poisson, œufs, etc. ;

Ateliers et locaux d'habitation humides au sous-sol ;

Murs massifs, cloisons de charpentes, voûtes et
planchers ;

Cloisons de séparation, baies de fenêtres, plafonds, etc. ;

Mansardes et combles ;

Toitures en tuile, ardoise, métal et en ciment bitumineux.

b) Pour la construction de :

Cloisons de séparation, légères, ignifuges, amor-
tissant le son ;

Cabines téléphoniques ;

Faux-ponts et garniture de plafonds ;

Protection absolue en cas d'incendie dans les bâtiments pour empêcher le bois de brûler et le fer de
rougir.

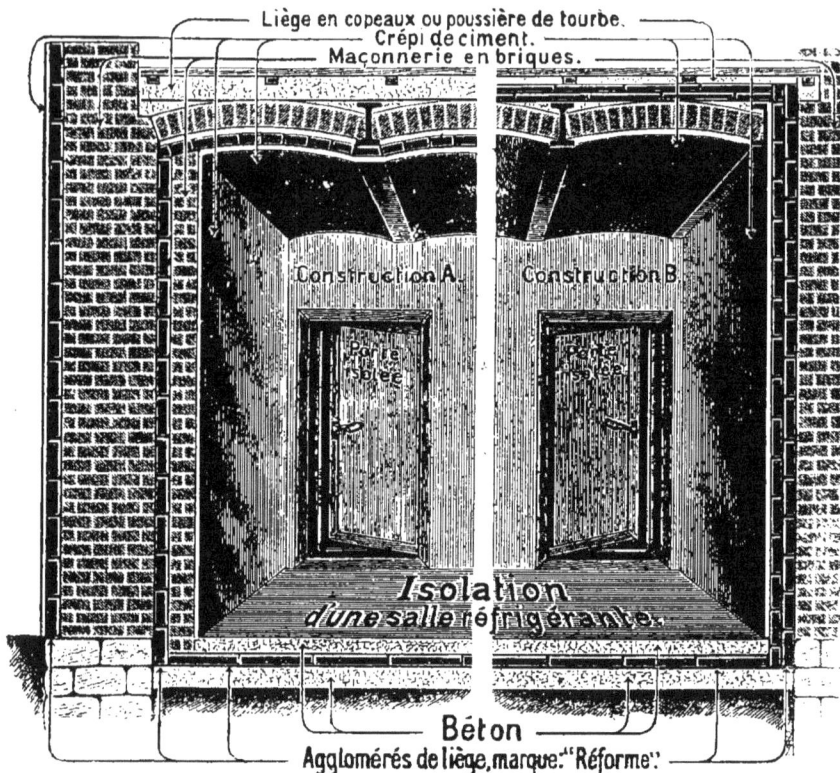

Fig. 79. — Glacière calorifugée par briques de liège.

c) Comme matériel de construction pur et simple
pour :

Maisons d'habitation, villas, halles de voyageurs,
entrepôts ;

Ecuries, remises, baraques ;

Sanatorium, lazarets transportables, pavillons,
abris, etc..

d) Comme calorifuge :

Revêtement du calorifère et des conduits de vapeur ou d'air chaud permettant de réaliser une économie énorme de combustible, d'éviter la condensation et d'avoir des caves fraîches pour la conservation du vin, des aliments, etc..

Protection des compteurs à eau, à gaz, etc.. Avec l'emploi des matériaux isolants, on n'a plus à craindre les effets funestes et dangereux de la congélation.

Maçonnerie de briques de liège.

Dimensions des briques : $0,22 \times 0,11 \times 0,054$ (mesures dites de Bourgogne).

Nombre au mètre cube de maçonnerie : 630.

Nombre par mètre superficiel de 0 m. 22 d'épaisseur : 140 ; de 0 m. 11 : 70 ; de 0 m. 054 : 36.

Quantité de mortier entrant dans un mètre cube de maçonnerie fait avec ces briques liège, environ 0 mc. 200.

Emploi de la poudre de liège. — On peut ajouter la poudre de liège à tous les genres de mortiers et l'emploi s'en généralise tous les jours pour le garnissage des augets jusqu'à la hauteur des lambourdes ou pour le remplissage des cloisons.

Le mètre cube de granulé ne pesant environ que 80 kilogrammes, le prix de ces bétons est sensiblement le même que celui des bétons ordinaires.

Nous recommandons pour un bon béton de liège de rester approximativement dans les proportions suivantes :

Plâtre ou ciment .... 30 kgr.
Granulés de liège .... 10 kgr.
Poudre de liège .... 5 kgr.
     gâcher et employer rapidement.

Calorifuge économique. — En gâchant clair 20 kilogrammes de plâtre et en y ajoutant 10 kilogrammes de
sciure de bois, on ob-
tient économiquement,
après dessiccation, une
excellente enveloppe
calorifuge. Ce mélange
une fois sec est assez
friable, aussi doit-il
être maintenu en place
par un moyen quel-
conque : fils de fer
noyés dans la masse,
bandes de toile sili-
catée, etc..

Nous avons employé
avec plein succès ce
procédé pour calori-
fuger notre chaudière
à vapeur à Saint-Ché-
ron ; une épaisseur de
0 m. 10 de ce mélange
empêchait presque to-
talement de sentir à la
main la chaleur de la
chaudière dont la masse
d'eau était cependant
à 160° C.

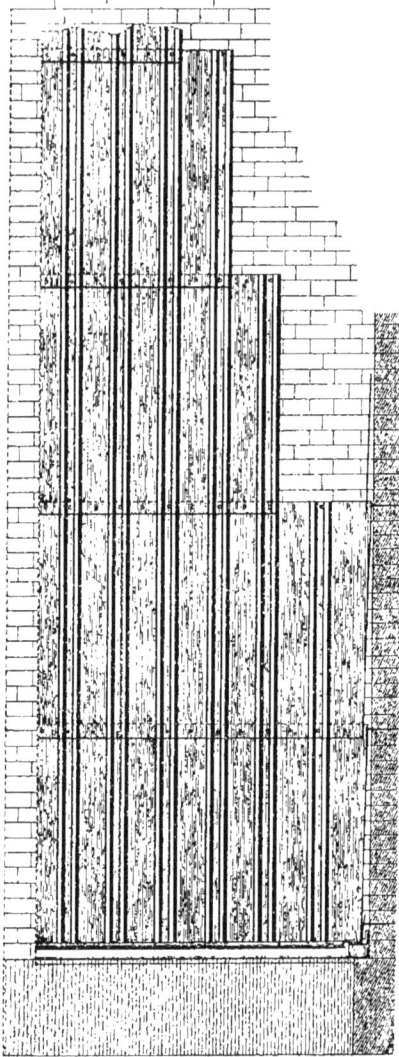

Fig. 80. — Revêtement en zinc.

*Revêtements silicocal-
caires.* — Les briques
silico-calcaires sont un nouveau matériau beaucoup employé en Allemagne depuis une dizaine d'années et qui commence à prendre une grande importance en France. Ces

briques sont obtenues en comprimant très fortement, avec des presses à vapeur, un mélange de sable siliceux et de chaux grasse éteinte. Les briques sont ensuite placées pendant huit à dix heures dans un autoclave à vapeur surchauffée à 9 ou 10 atmosphères de pression. La brique se transforme alors en hydro-silicate de de chaux d'une bonne consistance et très blanc ; on peut les colorer avec des additions d'ocres ou couleurs en poudre.

Les briques silico-calcaires valent de 40 à 50 francs le mille prises en usine ; on en fait de moulurées. Ces briques servent à faire des parements ou revêtements extérieurs ou intérieurs, des corniches, etc.. Leur belle blancheur en rend l'aspect agréable et ne nécessite ni enduit ni peinture.

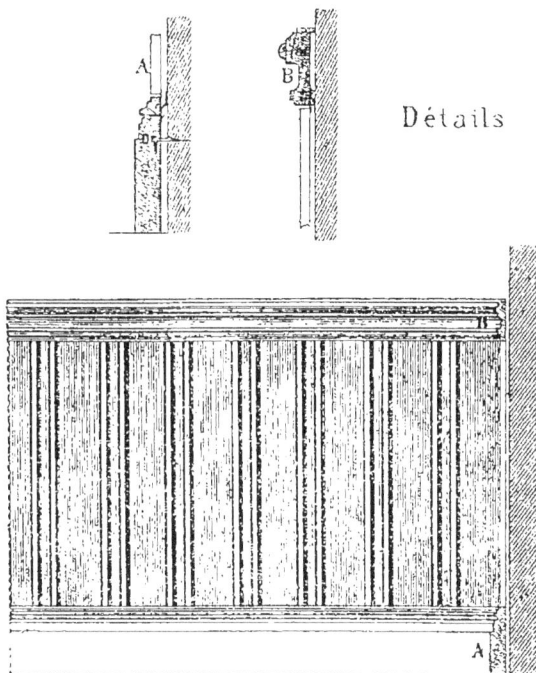

Fig. 81. — Soubassement en zinc.

Revêtements en zinc et autres pour extérieur. — La Société de la Vieille-Montagne fait des feuilles de zinc *cannelées* applicables aux revêtements extérieurs des murs exposés à la pluie (fig. 80), avec une gouttière

à la base du revêtement et des revêtements intérieurs
de soubassements et lambris sur murs humides, comme
le montre la figure 81. Ces revêtements reviennent
à environ 7 francs le mètre carré. On fait aussi des
revêtements en ardoises (voir volume VI) et en tôle
ondulée galvanisée pour protéger les murs exposés
à la pluie battante.

Carton-pierre. — C'est un mélange de pâte à papier,
de colle forte, d'argile, de craie et quelquefois d'huile
de lin dont on fait des ornements que l'on fixe par des
clous galvanisés. Les raccords se font avec une pâte
composée de même pour l'intérieur et avec un mastic
d'huile de lin, de blanc de céruse et de craie pour l'extérieur.

Les pâtes destinées à faire des rosaces et autres
ornements se moulent au pouce ; le mouleur enfonce
avec force la matière dans les creux et arme en tous
sens avec un petit fil de fer reliant toutes les parties
faibles.

Pour la pose du carton-pierre, on trace les axes, on
bat des lignes et on met en place les ornements divisés
en petites parties ; on les fixe par des clous et on fait
les raccords.

Staff. — C'est un composé de craie fine, de plâtre
à modeler très fin et d'étoupe, le tout consolidé par
une armature en bois noyée dans la pâte.

Lorsque le moule est préparé, on le graisse pour
éviter l'adhérence, puis on coule une légère couche de
plâtre et on étale ensuite un lit d'étoupe que l'on
appuie à la main, tout en recouvrant à nouveau de
plâtre et en mettant, partout où la rigidité a besoin
d'être assurée, des baguettes de bois formant ossature
qui se croisillonnent et sont ligaturées de fil de fer.

On fait en staff de grandes moulures, des solivages, des plafonds, des profils, des corniches, des rosaces, etc..

On pose le staff en le mouillant un peu, puis on l'applique et on le cloue à l'aide de clous galvanisés. On peut aussi enfoncer des clous, attacher le staff à un fil de fer entouré de chanvre mouillé dans du plâtre.

Les profils étant faits par petites longueurs, les raccords se font en plâtre, puis lorsque tout est sec, on termine au grattoir ou petit rabot.

Stucs. — C'est une composition ou un enduit qui, au moyen de la peinture et du polissage, imite le marbre. On s'en sert pour revêtir des colonnes, pilastres, panneaux, plinthes, murs, former des moulures, bas-reliefs, pour protéger des parois extérieures exposées à l'air et à l'humidité.

Le *stuc à la chaux* s'obtient en mélangeant de la chaux avec une égale quantité de calcaire, de marbre ou de craie en poudre très fine ; on le pose, en couche mince, sur une première couche en plâtre mélangé à un mortier de chaux et de sable fin. C'est le meilleur mais sa couleur est désagréable. Il convient pour l'extérieur.

Le *stuc au plâtre* est du plâtre gâché pur avec une eau dans laquelle on a fait fondre de la colle forte de Flandre ; ce plâtre fait prise moins vite que le plâtre ordinaire, mais il devient plus dur. Le stuc au plâtre ne peut s'employer qu'à l'intérieur, car il a peu de durée à l'extérieur. On donne au stuc au plâtre l'aspect du marbre veiné, en y mélangeant du plâtre gâché coloré.

Pour obtenir le stuc blanc, on emploie de la colle de poisson. On colore les stucs en jaune ou vert, avec de l'hydrate de peroxyde de fer ou de l'oxyde de chrome ; les oxydes de manganèse, de cuivre, les hydrocarbonates de cuivre, donnent des stucs bruns, bleus, etc. ; ces divers stucs ne peuvent résister à l'humidité.

Le stuc s'applique quelquefois limpide à l'aide d'une brosse ; dans ce cas, on en superpose une vingtaine de couches.

Quand il est sec, on polit le stuc avec du grès pilé et une molette en pierre, puis, on rebouche les cavités avec un stuc liquide et l'on passe à la pierre ponce.

On achève le poli avec la pierre de touche et des chiffons enduits de cire.

Le stuc coûte de 10 à 20 francs le mètre carré selon sa couleur et son poli.

Le *plâtre durci* est un stuc formé du mélange de plâtre et de chaux ; on peut l'appliquer à l'extérieur.

Plâtre aluné. — Pour mouler les objets d'art, on emploie un plâtre cuit avec 2 p. 100 d'alun ; il est translucide. Après une première cuisson, qui prive le plâtre de son eau de cristallisation, on le jette dans de l'eau saturée d'alun ; au bout de six heures on le retire, on le fait sécher, à l'air, et on le chauffe au rouge brun. Après l'avoir pulvérisé on l'emploie comme le plâtre ordinaire. Il remplace le stuc, mais coûte plus cher. Mêlé avec du sable, le plâtre aluné prend une grande dureté et s'emploie pour dallage.

La proportion d'eau à employer pour le gâchage est de 25 à 30 p. 100 de son poids. Plus on gâche serré et longtemps, plus on obtient de dureté.

La quantité d'eau employée doit amener le plâtre aluné à la consistance d'un mastic ; on gâche sur un marbre, une table, ou dans des auges bien propres.

Sa prise lente (trois à six heures) donne le temps

de le mélanger aux colorants minéraux tels que : pierres pilées, ocres, etc., mais non à des couleurs d'aniline ni aux couleurs végétales et animales. On obtient par ces mélanges des imitations de pierre et de marbre.

La solidification s'opère de quatre à six heures après l'emploi, suivant qu'il est fabriqué depuis plus ou moins de temps. Il acquiert les 2/3 de sa solidité au bout de vingt-quatre heures ; les 9/10e au bout d'un mois ; c'est alors qu'il peut être poli. La dureté totale n'est atteinte qu'au bout de trois mois.

Le plâtre aluné s'applique sur la chaux, les ciments, le plâtre, sur la brique et sur la pierre. Il ne faut l'appliquer que lorsque les matières sont bien sèches, mais au moment de l'emploi du plâtre aluné, jeter de l'eau sur les surfaces à enduire, pour qu'elles soient bien imbibées.

Il se prête à l'imitation des marbres blancs et colorés et se polit par les mêmes procédés que le marbre.

On en fait des enduits sur murs, cages d'escaliers, dessous de portes cochères, salles à manger. L'épaisseur sous laquelle on l'emploie est variable, mais 1 millimètre suffit. Il sert à faire des cheminées, tablettes de meubles, mosaïques, colonnes, vases, dallages et carreaux, des moulures au calibre, objets d'art, etc.. Sa dureté permet de le sculpter comme la pierre. Il peut remplacer les plâtres et ciments dans la maçonnerie, soit employé seul, soit mélangé avec du sable.

On l'applique encore au rejointement, au rebouchage et à la réparation des pierres.

Il reçoit bien la peinture, à cause de son peu de porosité.

Linoléum. — Le linoléum, fabriqué avec de la poudre de liège et de l'huile de lin oxydée, se fait en teintes unies, couleurs bois marron, et avec dessins variés incrustés. Il s'applique sur les murs comme tentures, panneaux décoratifs, soubassements et sur les planchers comme tapis.

La pose du linoléum se fait à l'aide d'une *colle* que l'on étend sur une largeur de 5 à 7 centimètres, tout autour de la pièce que l'on garnit, de même qu'aux raccords ; elle prend instantanément et ne subit pas les effets de l'humidité ni du salpêtre. Les largeurs du linoléum de 2 m. 30, 2 m. 75 et 3 m. 66, permettent, dans nombre de cas, d'éviter les raccords. Sur le bitume, carreau, pierre, marbre, la *colle* s'emploie sur une largeur de 15 centimètres et il faut faire pression jusqu'à résistance. Pour le *tapis d'escalier*, il est nécessaire de coller en pleine marche et contremarche. Rendu de la sorte immobile, le *linoléum* offre de grandes garanties de durée. Si l'escalier est tournant, on coupe et l'on raccorde là où avec un tapis de laine un pli se fait ; ce raccord est fait au haut de la contremarche si l'on n'emploie pas de tringles, et en bas si l'on s'en sert, l'important étant de le dissimuler.

Par un froid rigoureux, il est bon de laisser le linoléum dans une pièce chauffée quelques heures avant la pose.

Le linoléum se lave et se brosse avec le savon sans acide et la brosse dure. Entretenu de la sorte, il conservera longtemps sa fraîcheur du premier jour ; une fois bien lavé, il est nécessaire, pour que les couleurs apparaissent vives et brillantes, de l'essuyer à sec. Le linoléum s'encaustique et se frotte absolument comme un parquet.

Le *tapis de liège* composé de liège et d'une préparation spéciale d'huile de lin de la Baltique, est léger et beaucoup plus épais que le linoléum : il amortit entièrement le bruit des pas. Il est chaud et doux aux pieds et très hygiénique dans les endroits humides.

Le linoléum uni se vend de 2 francs à 5 francs le mètre carré ; avec dessins, de 3 francs à 8 francs le mètre carré.

La *Lincrusta Walton* est un linoléum décoré ou à relief pour lambris, tentures et plafonds.

Le revêtement en linoléum de planchers en dessous desquels l'air est stagnant ou humide, est presque invariablement suivi de la pourriture du plancher. Pour y remédier, on établit en dessous du plancher une bonne circulation d'air ; au besoin, on prend des mesures préservatrices contre l'excès d'humidité, par exemple, dans le cas de planchers primitivement établis directement sur le sol.

Il s'ensuit qu'il est prudent de ne pas recouvrir un plancher de linoléum avant de s'être assuré des conditions hygrométriques et de ventilation dans lesquelles se trouve la couche d'air sous le plancher.

Héraclite. — On fabrique et l'on vend sous ce nom des plaques formées de roseaux, joncs, pailles ou fibres de bois agglomérés au mortier de ciment magnésien avec une forte pression. Ces plaques ont, 25, 50, 75 ou 100 millimètres d'épaisseur et pèsent seulement 10, 20, 30 ou 50 kilogrammes le mètre carré ; elles pèsent donc moitié moins que le plâtre et le quart de la brique. On peut les scier et les clouer comme du bois.

Ignifuges, calorifuges, insonores et indéformables, ces plaques sont employées pour murs et cloisons, plafonds et toitures ; en ce dernier cas il faut les recouvrir d'un enduit hydrofuge ou de plaques de tôle ondulée.

CHAPITRE VIII

PAPIERS PEINTS. — POCHOIRS

Les *papiers peints*, dont les dessins varient à l'infini, se vendent en rouleaux ayant généralement 8 mètres de long sur 50 centimètres de large ; un rouleau couvre 3 mq. 1/2 ; le papier peint dit *carré* est en rouleaux de 8 m. 75 × 0 m. 47 ; un rouleau couvre 4 mètres carrés ; chaque papier a une *bordure* assortie. Les prix des papiers peints varient selon la qualité du papier et le dessin qui peut être velouté, doré, argenté, etc...

Le papier *bulle* en rouleaux de 7 à 6 mètres sur 50 centimètres se colle sur les murs et est ensuite recouvert par le papier de tenture qui est ainsi préservé du contact direct du plâtre ; on évite ainsi le *piquage* du papier peint.

Avant de coller le papier peint, les murs doivent être secs, nettoyés et grattés, unis et propres ; l'humidité tache et décolle le papier peint ; de même le salpêtrage ; les peintures et vernissages sont faits aussi avant la pose du papier de tenture.

Le collage se fait à la colle de pâte de farine ou d'amidon ; pour les papiers épais ou vernissés, on ajoute à cette colle 8 à 12 p. 100 de dextrine pour augmenter sa force.

Pour coller les papiers peints, l'ouvrier les coupe de longueur voulue, les encolle rapidement sur une table, les replie et les plaque le long du mur sur lequel il les fait adhérer en les frappant avec une brosse à longues soies. Le collage est toujours commencé du côté d'où vient la lumière pour éviter l'ombre des surépaisseurs aux joints du papier ; les raccordements des dessins sont faits avec soin. On pose ensuite les bordures.

S'il faut recouvrir de papier peint les cloisons de bois ou des portes, on ne doit pas coller de papier à même le bois qui, en se *retirant*, ferait fendiller le papier ; en ce cas, on cloue sur le bois une toile d'emballage à larges mailles sur laquelle on colle le papier.

Pour les portes *sous tentures* qu'il faut dissimuler le plus possible, il y a des précautions à prendre du côté des charnières et du côté du battement, pour que le papier peint soit bien posé ; du côté des charnières, on applique d'abord sur la fente de la porte une bande de papier de 5 à 7 centimètres de largeur, simplement humectée d'eau ; sur cette *bande à l'eau*, on colle une bande de calicot, de 10 à 12 centimètres de largeur, sur laquelle on colle le papier de tenture. Quand l'ensemble est sec et qu'on ouvre la porte, la *bande à eau* forme le *pli* de la charnière et empêche le papier peint de casser, par suite du mouvement répété de la porte.

Du côté du battement de la porte, on cloue une lame de zinc ou de tôle de un demi-millimètre d'épaisseur et de 3 ou 4 centimètres de largeur, formant un *battement* de 1 centimètre 1/2 environ, sur laquelle on colle le papier peint.

Les papiers peints unis ou moirés s'emploient pour recouvrir les plafonds ; voici quelques conseils pour augmenter l'effet décoratif des papiers peints sur les plafonds, d'après la *Semaine des Constructeurs*.

Au lieu de poser le papier complètement uni de l'arête extérieure d'une corniche à l'autre, comme on le fait généralement, pourquoi ne pas en faire un panneau avec encadrement et bordure ? Rien de plus simple, et l'augmentation de frais ne vaut pas qu'on s'y arrête : Entre le coût et l'effet obtenu, le rapport serait comme 1 : 20.

Il existe des bordures en rapport avec tous les papiers de plafond ; on trouve, d'autre part, des papiers unis de toute nuance. Choisissez un papier uni qui s'assortisse au papier de plafond. Divisez-le en trois ou quatre bandes, suivant la longueur du rouleau. Posez ces bandes en guise d'encadrement, tout autour du plafond, le long de la corniche ; posez ensuite le papier de plafond qui va former panneau. Enfin, posez la bordure, dont vous tracerez au préalable la place au fusain ou à la craie. Regardez et comparez l'effet à celui d'un plafond plat.

Il est infiniment meilleur. Le plafond a maintenant du relief ; la chambre semble avoir plus de hauteur, surtout s'il n'y a pas de corniche.

Dans ce dernier cas, vous pouvez faire un double encadrement, au moyen de deux papiers unis. Vous pouvez aussi remplacer la bordure par une baguette dorée.

Constatation facile de l'arsenic dans les papiers peints. — Certaines teintes contiennent des composés d'arsenic dangereux pour la santé ; ce sont surtout les verts et les noirs dont il faut se méfier dans les chambres où l'on séjourne longtemps.

Le *British Medical Journal* indique pour découvrir l'arsenic, un procédé à la portée de chacun : il ne faut pas d'autre appareil qu'un bec de gaz qu'on fait brûler à bleu.

On découpe une petite bande du papier à essayer, de 1 à 2 millimètres de largeur et 2 centimètres et demi à 5 centimètres de long. Dès qu'on la présente à la flamme en la tenant à l'extérieur de cette dernière, la flamme devient grise. Retirant alors la bande de pa-

Fig. 82. — Décoration au pochoir.

pier et l'approchant des narines, pendant qu'elle fume encore, on sentira l'odeur alliacée caractéristique de l'arsenic, si le papier renferme de cette substance. Enfin on examinera l'extrémité carbonisée de la bande : si une pellicule rougeâtre recouvre le noir des fibres carbonisées, et si, en approchant de nouveau la bande de la flamme, celle-ci prend une couleur verte, on présumera la présence du cuivre, impliquant celle de l'arsenic, car c'est sous la forme d'arséniate de cuivre que l'arsenic est employé dans la fabrication des papiers peints.

Décoration au pochoir. — Les *pochoirs* sont des cartons parcheminés découpés à jour et dont on se sert pour reproduire indéfiniment le même dessin sur un fond uni de peinture à la colle, de stuc, plâtre, etc... Les pochoirs se font aussi en feuilles minces de cuivre ou de zinc.

La figure 82 ci-contre fait voir un exemple de décoation obtenue avec un seul pochoir. En employant successivement plusieurs pochoirs avec des couleurs différentes, on obtient de fort jolies décorations très économiques.

Les décorations au pochoir se font avec des peintures à la colle, assez épaisses pour bien couvrir en une seule couche et ne pas couler.

CHAPITRE IX

MASTICS ET REBOUCHAGES

Les *mastics* servent à fixer les vitres sur les petits bois des fenêtres ou portes (mastic de vitrier) et à faire des rebouchages des surfaces que l'on doit peindre ou enduire.

Le rebouchage demande certaines précautions : il faut nettoyer avec une curette ou un grattoir l'intérieur du trou ou de la fente qu'il s'agit de remplir de mastic, brosser la surface pour enlever la poussière qui empêcherait l'adhérence du mastic. Si le trou est très grand, il faut le garnir de quelques pointes ou rappointis en fer qui maintiendront le mastic ; les mastics à chaud ou à base d'huile ne doivent s'appliquer que sur des surfaces bien sèches.

Le rebouchage des murs en pierres se fait en dégradant profondément les joints et en y bourrant du plâtre délayé d'eau, du mortier de chaux ou du ciment. Dans les grands trous, on incorpore de petites pierres dans le mortier.

Nous donnons ci-après quelques formules de mastics pour divers usages.

1 °*Mastic des vitriers :*

Céruse et huile de lin ; ce mélange étant assez coûteux, on remplace la céruse par du *blanc de Meudon* ou *blanc d'Espagne* ; on mélange aussi à l'huile de lin d'autres huiles moins chères, mais qui retardent la dessiccation du mastic.

2° *Mastics pour les pierres :*

Gomme arabique en poudre 3
Céruse 3
Sucre candi fondu dans l'eau 1

Autre :

Soufre 1
Cire jaune 1
Résine 1
        (A employer fondu à chaud).

Autres mastics dits de *Dihl* et *ciment métallique*
voir volume II, pages 21 et 22).

Autre :

Cire 1
Résine 2
            (s'emploie à chaud).

3° *Mastic Manoury d'Hectot :*

Battitures de fer pulvérisées 3
Sable silicieux très fin 3
Ocre 4
Poudre de briques 4
Chaux vive 2

4° *Mastic de Fiennes* pour rejointoiements :

Chaux hydraulique éteinte......... 2
Ciment Portland.................. 2
Huile de lin 1

Ce mastic ne doit être appliqué qu'après qu'on a
frotté les joints avec de l'huile de lin bouillante.

5° *Mastic Thénard :*

Poudre de briques 93
Litharge 7
Huile de lin .... Q. S.

6° *Mastic de la Rochelle :*

Sable silicieux très fin 15
Calcaire en poudre.............. 14
Litharge 2
Huile de lin pour pétrir.

7° *Mastic hydraulique :*

> Chaux hydraulique.
> Sang frais de bœuf ou de mouton.
> (A employer aussitôt gâché).

8° *Mastic pour scellements :*

> Chaux hydraulique 2
> Poudre de tuileaux 4
> Limaille de fer fine 1
> Huile de lin pour pétrir.

9° *Mastic pour tuyaux en fonte :*

> Minium 1
> Poudre de tuileaux 3
> Sable fin 2
> Huile de lin pour pétrir. ....

10° *Mastic à l'œuf :*

> Chaux grasse éteinte pulvérisée ..... 300 gr.
> Eau .... 100 gr.
> 3 blancs d'œufs.

S'emploie pour réparer le verre, la terre cuite, le marbre, etc..

11° *Mastic pour fer et fonte :*

> Limaille de fonte ... . 5.600 gr.
> Mine de plomb .... 500 gr.
> Ardoise bleue en poudre ... 2.330 gr.
> Fleur de soufre .... 330 gr.
> Cire jaune .... 1.240 gr.
> 　　　(S'emploie à chaud).

Autre :

> Limaille de fer fine et fraîche 50
> Sel ammoniac en poudre 1
> Fleur de soufre.................. 2

(Se prépare au moment de l'emploi et s'emploie à chaud).

12° *Mastic au fromage blanc :*

> Chaux grasse éteinte pulvérisée 5
> Fromage de vache frais 6
> 　　　(Un peu d'eau)

13° *Mastic au goudron :*

Terre réfractaire pulvérisée 5
Goudron de gaz 1
(S'emploie à chaud).

14° *Mastic à la gélatine :*

Gélatine 5
Bichromate de potasse 1

Faire dissoudre dans l'eau à l'abri de la lumière. Ce mastic durcit au grand jour et devient absolument insoluble dans l'eau.

15° *Mastic bitumeux :*

Poix grasse de Bordeaux 60
Galipot 2
Bitume 14
Cire jaune 4
Suif 6
Chaux hydraulique 6
Ciment de Vassy 6

Faire fondre au bain-marie. S'emploie à chaud pour scellements du fer dans la pierre.

16° *Mastic au soufre :*

Fleur de soufre.................. 100
Résine 100
Suif 50
Verre pulvérisé 305
(S'emploie à chaud).

17° *Mastic pour aquariums :*

Asphalte 100
Résine 100
Sable fin ou verre pilé 25
(S'emploie à chaud).

18° *Mastic des fontainiers :*

Résine 100
Ciment Portland................. 200
(S'emploie à chaud).

Nota. — Tous les mastics qui s'emploient à chaud ne doivent être appliqués que sur des surfaces chauffées soit avec une lampe de plombier, soit avec un fer rouge, de façon à permettre au mastic de *prendre* sur la surface chaude.

On colore les mastics par incorporation d'ocres ou de couleurs en poudre d'origine minérale (voir *Peintures*).

Mastic au sang frais. — On se procure du sang frais de bœuf ou de mouton et on y ajoute de la chaux éteinte en poudre ; la chaux légèrement hydraulique convient très bien ; on met une quantité suffisante de poudre de chaux pour faire un mortier facilement maniable avec la truelle ou le couteau à mastic.

Ce ciment colle fortement au bois et à la pierre ; il devient très dur et il est imperméable aux liquides, ce qui fait qu'on l'emploie pour étancher des foudres, des cuves et tous vases en bois pour le vin ou autres liquides.

CHAPITRE X

PEINTURES

Les divers procédés pour appliquer et fixer les couleurs sur les surfaces à peindre sont les peintures :

1° A fresque,	5° A l'encaustique,
2° En détrempe ou à l'eau,	6° A la cire,
3° A l'aquarelle,	7° Au pastel,
4° A l'huile ou au vernis.	8° En émail.

Nous ne nous occuperons ici que des deuxième et quatrième procédés, seuls employés dans la peinture pratique du bâtiment.

Travaux préparatoires des surfaces à peindre. — Le peintre, avant d'appliquer ses couleurs, doit procéder à des travaux préparatoires ou apprèts pour unir les surfaces des plâtres, faire disparaître la rugosité des bois, etc..

L'opération préliminaire consiste dans le nettoyage ou époussetage des ouvrages à peindre ; on le fait au balai de crin, ou à la brosse de crin sur murs, plafonds et menuiseries.

Le grattage fait ensuite, consiste à enlever les plâtres projetés, les grosses inégalités et les parties formant saillie.

Le *rebouchage* consiste à boucher les trous et fentes. Il se fait au plâtre lorsque les trous sont grands, au mastic à la colle ou au mastic à l'huile sur murs, plafonds et boiseries.

On bouche aussi les trous et fentes avec du mastic de blanc de céruse, ou blanc de zinc ou de blanc de Meudon, qui doit être appliqué ensuite.

Dans les travaux soignés, avant de donner les couches de peinture, on enduit les surfaces avec un mastic étendu et assez siccatif qui, bien râtissé, rend la surface plane et permet l'emploi du vernis.

Le ponçage consiste à unir une surface, déjà peinte ou enduite, au moyen de la pierre ponce, du grès à l'eau ou du papier de verre.

Dans certains travaux de luxe, on met jusqu'à 10 couches de couleurs ou de vernis et autant de ponçages successifs.

Pour les travaux de réparations, les apprêts consistent en grattages et lavages de détrempe et de papiers, en rebouchages de colle ou d'huile, en collage de bandes de calicot sur les crevasses des plâtres ; on termine en égalisant les surfaces par un enduisage au couteau, avec du mastic.

1° *Peintures à l'eau. — Badigeons.* — Les badigeons sont des peintures à base de chaux vive délayée dans l'eau ; en séchant, cette chaux absorbe de l'acide carbonique, durcit et reste adhérente.

La *détrempe à la chaux* se prépare en additionnant la chaux vive éteinte d'un peu d'alun et de térébenthine puis on la *détrempe* dans la *colle* de *peau claire*. Ce badigeon blanchit en séchant ; il s'applique à deux couches sur les murs extérieurs ou intérieurs.

Voici d'autres formules de badigeons.

1° Badigeon conservateur de Bachelier :

Chaux grasse éteinte et tamisée....	23
Plâtre	7
Céruse en poudre	8
Fromage blanc	9

A délayer dans l'eau.

2º Badigeon Lassaigne à l'argile :

Chaux vive...............   100 parties
Délayer pour lait de chaux.
Argile   5   —
Délayer dans l'eau avec :
Ocre jaune   2   —
         et mélanger le tout ensemble.

3º Badigeon américain. — Sur les murs de l'hôtel du Président des Etats-Unis, à Washington, on a appliqué un badigeon très solide dont la composition est la suivante :

Chaux vive ....   17 lit.
Sel blanc ....   6 lit.
Farine de riz ....   1 kgr. 5
Blanc d'Espagne en poudre   0 kgr. 225
Colle claire   0   kgr. 500

Au mélange, on ajoute 23 litres d'eau chaude. L'application de ce badigeon se fait à chaud.

4º Badigeon à la pomme de terre :

Pommes de terre cuites et pilées   1 kgr.
Blanc d'Espagne détrempé   ....   2 kgr.
Eau.........................   8 kgr.

5º Badigeon au silicate de soude, très économique :

Silicate de soude liquide du commerce ....   1 litre
Eau.......................   2 litres

Ajouter poudre d'ocre jaune ou rouge, noir de fumée, blanc d'Espagne, etc., en quantité suffisante pour obtenir la teinte désirée ; s'applique sur bois, briques, pierres tendres, plâtre ; il se forme par durcissement du silicate de chaux très dur et ignifuge.

Nota. — Les badigeons ci-dessus se colorent avec des ocres ou autres matières colorantes minérales non attaquées par la chaux ; les gris et noirs se font avec du noir de fumée.

Les badigeons à deux couches reviennent à 1 fr. 20 environ le mètre carré.

2° *Peintures à la colle ou en détrempe.* — On prépare cette peinture en broyant les couleurs avec de l'eau de pluie ou de rivière (les eaux de puits ne sont pas bonnes) et on ajoute de la colle forte fondue dans l'eau chaude de façon à faire une peinture un peu épaisse qui file au bout du pinceau *sans y rester attachée,* ce qui est signe d'un manque de colle ; trop de colle occasionne des grumeaux et fonce les couleurs. La peinture s'emploie chaude mais non bouillante. Pour employer la peinture à la colle, on fait d'abord des encollages et des blancs d'apprêts.

Pour *encoller,* étendre une ou plusieurs couches de colle ; sur l'encollage se posent plusieurs couches de blanc, qu'il ne faut pas employer trop chaudes. Une forte couche posée sur une autre dont la colle serait faible tomberait par écailles.

On *adoucit* à la pierre ponce ; après le ponçage, le nettoiement des moulures, la réparation de l'ouvrage adouci, on applique deux couches de couleurs.

Sur la peinture en détrempe, après avoir passé deux couches d'une colle faible, quand l'encollage est sec, on peut donner deux ou trois couches de vernis à l'esprit-de-vin, pour produire du brillant ; généralement, on ne vernit pas la détrempe, à cause du prix de ce travail.

La peinture à la colle sans vernis s'appelle détrempe mate.

La détrempe s'emploie pour plafonds, parois, etc. ; elle peut être agrémentée de filets, de semis faits au poncif ou pochoir, de décors au pinceau, etc..

Les *blancs à froid* et l'addition de l'eau froide seule dans ce blanc permettent la préparation sur le travail, immédiatement avant l'emploi pour plafonds et badigeons. Avec ce blanc infusable dans l'eau froide, l'écaillage n'est plus possible, non plus le farinage, le rebouchage s'opère facilement comme avec le plâtre à modeler. De même, la perte de temps de l'ouvrier est nulle, les risques d'une préparation ou d'un travail imparfait n'existent plus. Le blanc de Paris soluble à froid, et le blanc gélatineux en pâte sont des peintures à base de colles de peau.

On vend sous le nom de *matolin, matoïd,* etc., des peintures à l'eau préparées en boîtes.

Voici leur mode d'emploi :

Préparation des surfaces à peindre. — Nettoyer et brosser jusqu'à ce qu'il ne reste plus de poussière ni de parties non adhérentes, s'il s'agit de surfaces ayant été déjà peintes, enlever autant que possible les vieilles peintures, et, avec la pâte épaisse, reboucher les trous et les fentes.

Pour les surfaces absorbantes, il y a lieu d'humecter lesdites surfaces juste avant l'application de la peinture ; le travail se fera plus facilement, plus régulièrement, la peinture séchera moins vite et couvrira une plus grande surface ; pour le plâtre, passer une couche de colle de peau.

Préparation de la peinture. — Pour préparer la peinture, verser la quantité d'eau nécessaire sur la pâte en remuant continuellement jusqu'à ce qu'on obtienne la consistance de la peinture à l'huile, environ un tiers d'eau. Ne pas ajouter trop d'eau, ne l'ajouter que peu à peu, un excès pouvant nuire aux propriétés couvrantes de la peinture ; ne préparer que la quantité nécessaire pour une journée de travail ; tenir les boîtes fermées.

Application de la peinture. — Se servir de brosses ordinaires plates, brosser toujours dans le même sens (haut en bas ou bas en haut) en ne travaillant pas trop la peinture. Il faut éviter de revenir après coup sur des surfaces fraîchement peintes. Une couche est, dans bien des cas, suffisante ; dans les cas où deux couches seraient nécessaires attendre le lendemien avant de passer la seconde.

Ne pas peindre sur des surfaces exposées au soleil, attendre qu'elles soient à l'ombre.

Peinture au lait : 15 à 20 décilitres de lait écrémé passé, 18 à 20 décagrammes de chaux récemment éteinte, 12 à 13 décigrammes d'huile d'œillette, de lin ou de noix, 240 à 250 décagrammes de blanc d'Espagne. On colore cette peinture avec du charbon broyé à l'eau, des ocres jaunes ou rouges, etc.. Cette peinture, lorsqu'on l'emploie sur des bois blancs, doit être préparée par une lessive à l'eau seconde ou à l'ammoniaque.

Peinture à l'œuf : Azur : outremer délayé dans 25 grammes de blanc d'œuf pourri et 5 grammes de gomme arabique fondue dans 200 grammes d'eau.

Blanc : blanc d'argent délayé dans 25 grammes de blanc d'œuf et 8 grammes de gomme (ou blanc de Meudon, céruse, blanc de zinc).

Noir : noir d'ivoire, 25 grammes de blanc d'œuf, 10 grammes de gomme.

Vert (sous-acétate de cuivre) : vert anglais, employé par glacis et sur fond blanc. L'œuf ne sert que pour raccords et retouches ; on repeint avec des tons moitié plus clairs.

3° *Peintures à l'huile.* — Les peintures à l'huile se fabriquent en *broyant* la couleur avec l'huile de lin, puis on ajoute de l'*essence de térébenthine* ou du *sicca-*

tif pour rendre la peinture suffisamment fluide.

La peinture à l'huile se fait à 2 ou 3 couches ; la première couche ou *impression* a pour but de nourrir le bois ou le plâtre ; on fait cette couche d'une teinte un peu plus claire que la *teinte* définitive qui s'applique par dessus la couche d'impression.

La couche d'impression doit se faire avec de la peinture préparée à l'huile de noix ou de lin pure et avec très peu d'essence ; dans les couches de *teinte* on met au contraire davantage d'essence que d'huile.

Souvent on donne la couche d'impression avant le rebouchage, afin que le mastic tienne mieux.

L'*impression* du fer se fait au minium de plomb ou de fer (*oxydes*) délayés dans l'huile de lin. Il en est de même de celle du bois dans les endroits humides. On imprime les nœuds résineux avec de l'huile broyée de litharge ou de minium.

Pour les travaux soignés, on *ponce* les premières couches afin d'avoir une surface absolument lisse pour appliquer la dernière couche de teinte et le vernis.

Comme il est coûteux et difficile de réaliser des surfaces absolument unies, et susceptibles de supporter un vernis sans miroiter, on fait le plus souvent des peintures mates ; elles ont l'avantage de dissimuler les irrégularités des surfaces.

La peinture ordinaire, possédant un brillant léger, se fait à l'huile avec addition de 1/10 d'essence.

La peinture mate peut se faire à l'essence pure, mais à la condition de laisser reposer le mélange deux jours au moins, afin de donner à l'essence le temps de *graisser*. Cette peinture n'est pas très solide, mais elle est d'un bel aspect. On peut l'employer pour les parties peu exposées où l'on n'a pas à craindre les contacts ou les frottements. En ajoutant un dixième d'huile, la consistance est augmentée.

Les couleurs à l'huile doivent être couchées à froid, mais lorsque l'on veut préparer une surface neuve ou humide, on applique la couleur à l'huile bouillante. Elle ne doit jamais filer au bout de la brosse.

Certaines couleurs, telles que le jaune de stil de grain, le noir de charbon, les noirs d'os, le noir d'ivoire, etc., broyées à l'huile, ne séchant que difficilement, on les broie avec des siccatifs.

Lorsqu'on doit poser des *lambris*, on applique, sur le revers du derrière du lambris, 2 ou 3 couches de rouge, à l'huile de lin, et l'on pose la boiserie une fois la peinture sèche.

Pour une première couche d'impression de 4 mètres carrés, il faut 600 grammes de blanc de céruse en détrempe à l'huile.

Pour 4 mètres carrés, à 3 couches, il faut 1 kgr. 1/2 de couleur (dont 550 grammes pour la première couche, 500 grammes pour la deuxième, 450 grammes pour la troisième), comprenant 1 kgr. 25 de couleur réelle, 6 ou 8 décilitres d'huile ou d'huile et d'essence.

L'*essence de térébenthine* provient de la distillation de la résine extraite de divers arbres, surtout du pin maritime. Cette essence dissout les corps gras et résineux ; elle est employée pour détremper les couleurs broyées à l'huile.

Lorsqu'on doit vernir la peinture, la première couche se fait à l'huile pure et les deux dernières à l'essence pure. La couche de vernis consolide les couches à l'essence. Si la peinture ne doit pas être vernie, la première couche se fera à l'huile et les deux dernières seront coupées d'essence.

Siccatifs. — La *litharge* est un oxyde de plomb qui a la propriété de rendre siccatives les huiles dans lesquelles on délaie les couleurs. On emploie aussi pour cela l'oxyde et les sels de manganèse, la couperose ou sulfate de cuivre, l'acétate de plomb, etc...

La litharge pulvérisée augmente la siccativité d'une couleur broyée à l'huile et ayant déjà quelques qualités siccatives.

M. Leclaire a composé un siccatif en mélangeant 97 parties de blanc de zinc avec une partie de sulfate de manganèse pur, une partie d'acétate de manganèse pur et une partie de sulfate de zinc calciné. On mêle ce siccatif, réduit en poudre impalpable, dans la proportion de 1/2 à 1 p. 100 avec le blanc de zinc.

Le meilleur siccatif est l'huile grasse, huile cuite ou huile lithargée. Pour la préparer, on fait bouillir à un feu doux, pendant deux heures, un mélange composé de 1 kilogramme d'huile de lin, 0 kgr. 03 de litharge, 0 kgr. 03 de céruse, 0 kgr. 03 de terre d'ambre et 0 kgr. 03 de talc. On remue constamment, pour que ce mélange ne noircisse pas et on l'écume quand il mousse. On laisse reposer ; l'huile s'éclaircit et on la met, pour la conserver, dans des bouteilles bien bouchées.

En réalité, l'huile siccative ne sèche pas, elle *durcit*, grâce à son oxydation au contact de l'air.

Lorsqu'on veut vernir, le siccatif ne doit être mis que dans la première couche, les deux autres couches employées à l'essence devant sécher seules.

Dans le cas de couleurs sombres, on peut mettre, en la détrempant, 30 grammes de litharge pour 1 kilogramme de couleur.

Dans le cas de couleurs claires, on peut mettre, pour 1 kilogramme de couleur détrempée dans l'huile de noix ou d'œillette, 3 à 4 grammes de couperose blanche *(sulfate de zinc)*.

La térébenthine, employée à détremper les couleurs broyées à l'huile (autrement elles ne seraient pas assez fluides), agit également comme siccatif, non par action chimique, mais en diluant l'huile, qui répandue ainsi sur une plus grande surface, est mise en contact plus intime avec l'air.

Les siccatifs ne doivent être ajoutés à la peinture qu'au moment de son emploi. Certaines couleurs, celles à base de plomb, telles que la céruse ou le minium, jouent le rôle de siccatif et dispensent de l'emploi de siccatif préparé. L'inconvénient des siccatifs est de diminuer l'adhérence des couleurs ; les siccatifs à base de plomb sont susceptibles de faire noircir les teintes sous l'influence des vapeurs sulfurées.

Peintures à l'huile de maïs. — Parmi les brevets d'invention pris en Angleterre s'en trouve un (n° 12031), délivré à M. H.-J. Allison, pour un nouveau procédé de peinture. L'invention consiste à remplacer l'huile de lin par l'huile de maïs dans le broyage des couleurs. D'après l'inventeur, les couleurs ainsi préparées seraient plus durables, donneraient plus de poli, ne s'écailleraient pas et reviendraient moins cher. On peut ajouter des siccatifs quand on le croit nécessaire ; mais l'huile de maïs possède par elle-même à un haut degré la propriété dite siccative.

Huiles à peintures. — Les huiles pour préparer les peintures sont :

L'*huile de lin* épurée, jaunâtre, crue ou cuite, est la plus siccative.

L'*huile de noix* b'anche, pour travaux à l'extérieur.

L'*huile de colza* ou d'œillette, blanche, employée pour les teintes claires.

L'*huile grasse* de poissons et de divers végétaux (arachides, sésame, etc.).

L'huile de lin et l'huile de noix, qui sont les plus chères, sont souvent falsifiées par l'addition d'huiles de colza, de sésame ou d'arachides.

Peintures vernissées. — Les peintures que l'on vend toutes préparées en boîtes ou en bidons sous le nom de Ripolin, Lakolin, Lithoïde, cristallin, peinture émail, sont des peintures à base de *vernis gras* qui sèchent assez lentement, mais donnent une surface laquée d'un bel aspect.

On fait aussi des peintures vernissées à base d'huile de goudron, huile de houille ou huile d'asphalte qui conviennent pour des travaux ordinaires ; ces peintures sèchent très rapidement, mais n'ont pas la solidité des peintures à l'huile. On ne doit pas appliquer les peintures à l'huile de goudron sur d'anciennes peintures à l'huile de lin, elles ne tiendraient pas.

Peintures à la cellulose. — A base de *nitro-cellulose (coton poudre)*, dissoute dans l'acétone : ces peintures, d'un prix de revient élevé, sont d'un bel aspect brillant et adhèrent bien aux métaux ; sur le bois ou les enduits, on doit passer une ou deux couches de *peinture d'apprêt* ordinaire soigneusement poncée avant l'application de la peinture à la cellulose. Celle-ci est employée surtout pour travaux de luxe, peintures d'automobiles par exemple.

Couleurs minérales employées en peinture.

Couleurs blanches :

1° Les couleurs blanches à base de calcium : Chaux, Carbonate de chaux, Sulfate de chaux.

2° Les couleurs blanches à base de baryum : Sulfate de baryte naturel, Sulfate de baryte artificiel, Tungstate de baryte.

3° Les couleurs blanches à base de plomb : Carbonate

de plomb, Sulfate de plomb, Hydrocarbonate de plomb, Oxychlorure de plomb, Antimonite, Antimoniate de plomb, Tungstate de plomb.

4° Les couleurs blanches à base de zinc : Oxyde de zinc, Oxychlorure de zinc, Sulfate de zinc.

5° Les couleurs blanches silicatées : Silice, Stéatite, Talc.

6° Les couleurs blanches à base d'antimoine : L'oxyde d'antimoine, oxychlorure d'antimoine.

7° Le sous-nitrate de bismuth.

Couleurs rouges :

1° Couleurs à base de fer : Sesquioxyde de fer, Ocre rouge.

2° Couleurs à base de mercure : Cinabre et Vermillon.

3° Couleurs à base de plomb : Litharge, Minium.

4° Couleurs à base d'arsenic : Réalgar, Arséniate de cobalt.

5° Couleurs à base d'antimoine : Sulfure d'antimoine. Couleur à base d'or : Pourpre de Cassius.

Couleurs jaunes :

1° Dérivés de l'acide chromique : Chromates : Chromates de plomb : Jaune de chrome clair, Chrome orange, Jaune de Cologne, Jaune jonquille.

Chromates de zinc : Jaune de zinc acide, Jaune bouton d'or Chromates de fer, de baryum, de calcium.

2° Couleurs à base de plomb : Massicot, Jaune minéral, Jaune paille minéral, Iodure de plomb, Arsénite de plomb, Antimoniate de plomb.

3° Les ocres, du jaune au brun foncé.

4° Couleurs à base de mercure : Turbith minéral.

5° Le jaune de cadmium.

6° L'orpiment ou sulfure d'arsenic.

7° L'or mussif ou sulfure d'étain.

8° Couleur jaune à base de cobalt : Auréoline.

Couleurs bleues :

1° Couleurs bleues à base de cuivre : Les hydrates de cuivre : Bleu Peligot, Bleu Neuwied.

Les carbonates de cuivre : Azurite, Bleu minéral, Cendres bleues.

L'arséniate de cuivre.

Les silicates de cuivre : Bleu d'Egypte.

Le sulfure de cuivre : Bleu d'huile.

2° Couleurs bleues à base de cobalt : Les aluminates de cobalt : Bleu de cobalt, Bleu Thénard, Les silicates de cobalt : Smalt.

Le stannate de cobalt : Cœruleum.

3° Couleurs bleues à base de fer : Les phosphates de fer, Vivianite.

Les bleus de Prusse : Bleu acier, Bleu indigo, Bleu rougeâtre, Bleu de Berlin soluble, Bleu Monthiers, Bleu d'Anvers, Bleu d'antimoine, Bleu de Turnbull.

4° Le bleu de chrome.

5° Les outremers.

6° Le bleu de molybdène.

Couleurs violettes :

Violet de manganèse et Violet minéral ou *Nuremberg.*

Couleurs vertes :

1° Couleurs à base de chrome : Sesquioxyde de chrome : Vert de Casali, Vert Guignet.

Phosphate de chrome : Vert Arnaudon, Vert Plessy, Vert Schnitzer.

2° Couleurs vertes à base de cuivre : Hydrate de cuivre, Vert de Brême.

Oxychlorure de cuivre : Vert de Brunswick.

Hydrocarbonate de cuivre : Vert malachite.

Sulfate basique de cuivre : Vert de Casselmann.

Borate de cuivre : Vert de Gentele.

Stannate de cuivre.

Acétate, arséniate et acéto-arséniate de cuivre : Verdet, Vert de Scheele, Vert de Schweinfurth, Vert de Mitis, Cendres vertes.

3° Couleurs vertes à base de manganèse : Vert de Cassel

4° Couleur verte à base de cobalt : Vert de Rinmann.

5° Couleur verte à base de titane : Vert de titane.

6° Terres naturelles vertes : Terre de Vérone, Ocre verte.

Couleurs noires :

1° Produits à base de charbon : Produits naturels Noir de houille, Noir de schiste, Noir de boghead.

Produits artificiels : Noir de charbon, Fusain, Noir de liège, Noir de pêches, Noir d'Allemagne ou de Francfort, Noir de fumée, Noir de Prusse.

2° Produit sans charbon : Noir de Persoz (chromite de cuivre).

Couleurs brunes :

1° Couleurs brunes à base de fer : Ocre, Terre de Sienne, Brun Van Dyck.

2° Couleurs brunes à base de charbon : Brun de Cassel, Brun d'asphalte, Bitume, Brun d'Ulmine, Bistre, Sépia.

3° Couleurs brunes à base de manganèse : Peroxyde de manganèse, Brun de manganèse, Brun puce de manganèse.

Mélange des couleurs, obtention des diverses teintes.
— Les couleurs fondamentales ont été ramenées à sept représentant les teintes de l'arc-en-ciel. Ce sont et dans l'ordre dans lequel elles se trouvent dans ce phénomène : *Violet, indigo, bleu, vert, jaune, orangé, rouge.*

Ces couleurs peuvent se ramener à trois fondamentales, qui, par leur mélange, donnent naissance aux quatres autres : *bleu, jaune, rouge.*

Le bleu et le rouge forment le violet, lequel devient de l'indigo si le bleu est en excès ; le mélange de bleu et de jaune constitue le vert ; celui du jaune et du rouge, l'orangé.

Mélangées intimement, ces trois couleurs donnent du blanc. Il en est de même, d'ailleurs, des mélanges d'une seule des trois avec le composé des deux autres : c'est ainsi que le rouge et le vert, l'orangé et le bleu, le jaune et le violet, sont des couleurs dites *complémentaires*, le produit résultant de leur combinaison étant le blanc.

C'est en mélangeant les couleurs *fondamentales* entre elles que l'on obtient toutes les teintes, dont la base est généralement le blanc de céruse ou le blanc de zinc broyés à l'huile.

La *céruse* couvre bien, mais noircit et a le grave inconvénient d'être toxique pour les ouvriers ; le *blanc de zinc* ne noircit jamais, il n'est pas toxique, mais il couvre bien moins que la céruse. Nous donnons ci-après quelques détails sur le blanc de zinc qui est généralement substitué à la céruse.

Peintures au blanc de zinc. — Le blanc de zinc remplace la céruse dans tous ses emplois ; il peut donc recevoir toutes les préparations de ce dernier produit, être employé à l'huile, à l'essence, au vernis et à la détrempe. En outre, il peut seul être employé pour la peinture au silicate de potasse.

Le blanc de zinc est plus léger que la céruse ; sa densité est de 5 kgr. 40, tandis que celle de la céruse est de 6 kgr. 57. ; à poids égal, son volume étant plus grand, il couvre une surface plus étendue et n'exige pas un plus grand nombre de couches de peinture. En effet, pour obtenir une peinture à la céruse prête à être employée, il faut environ :

500 grammes de céruse en poudre ;
250   —   d'huile ;

total : 750 grammes de peinture couvrant une surface de 5 mètres carrés à une couche, ce qui représente l'emploi de 1 kilogramme pour couvrir 6 mq. 66 ou de :

0 kgr. 150 pour 1 mètre carré.

Par contre, pour obtenir une peinture au blanc de zinc, prête à être employée et *tenue un peu plus épaisse que celle à la céruse*, il faut environ :

500 grammes de blanc de zinc en poudre ;
300   —   d'huile ;

total : 800 grammes de peinture, couvrant une surface de 7 mètres carrés à une couche, ce qui représente l'emploi de 1 kilogramme pour couvrir 8 mq.75 ou de :

O kgr. 114 pour 1 mètre carré.

Il en résulte que pour couvrir un mètre carré, il faut employer moins de blanc de zinc que de céruse, ce qui compense la différence de valeur existant entre les produits.

Pour obtenir l'égalité de nuance, il est nécessaire de tenir les teintes au blanc de zinc un peu plus épaisses, comme cela est indiqué plus haut, que celles à la céruse.

Il faut se servir de brosses à soies longues et douces et les manier avec légèreté pour bien étendre la peinture et arriver ainsi à couvrir aussi bien qu'avec la céruse.

Ce n'est pas seulement la quantité d'huile entrant dans la composition d'une teinte qui exerce une influence sensible sur ses qualités couvrantes ; il faut encore tenir compte de la nuance, car plus une peinture se rapproche du blanc absolu, moins elle couvre, et si on la teinte, elle couvrira d'autant mieux qu'elle sera d'une couleur s'éloignant du blanc.

Dans les travaux à deux couches, il est préférable de donner la première couche de blanc avec du blanc de zinc teinté avec du noir pour obtenir du gris perle clair, et de donner la deuxième couche avec du blanc de zinc pur ou légèrement teinté, suivant les besoins ; en procédant de cette manière, on sera certain d'obtenir un fonds aussi bien couvert que s'il avait reçu deux couches de céruse, le gris ayant la propriété d'éteindre la couleur naturelle de la surface d'application.

En général, la composition de la peinture au blanc de zinc se fait comme celle à la céruse, sauf en ce qui concerne la quantité d'huile qui doit être d'un cinquième en plus environ.

Plus une peinture contient d'huile, plus sa solidité est assurée ; or, de tous les produits employés en peinture, le blanc de zinc est celui qui, à cause de sa faible densité relative, absorbe le plus d'huile, 85 p. 100 de

son poids, tandis que la céruse n'en absorbe que 40 p.
100 environ ; on est donc autorisé à dire que la supériorité de la peinture au blanc de zinc sur celle à la
céruse est incontestable, sous le rapport de l'adhérence et de la solidité à l'air et à l'action des lessivages.

La peinture au blanc de zinc présente d'abord sur
celle à la céruse de *nombreux avantages,* qu'aucun met-
teur en œuvre compétent ne conteste plus, qui justi-
fient l'importance toujours croissante de son application, et les prescriptions générales d'emploi qui en
sont faites par les Pouvoirs publics. Elle est, en effet,
beaucoup plus facile à employer, plus fraîche de ton,
plus durable et par suite plus économique.

Elle ne jaunit pas à l'air sous l'influence des gaz
sulfureux ou ammoniacaux qui se produisent dans
certaines usines, qui se dégagent des fumiers, des matières en décomposition, des fosses d'aisances, de gaz
d'éclairage, et qui existent ainsi toujours dans l'air
en plus ou moins grande quantité.

Aussi l'emploi du blanc de zinc s'impose pour les
établissements de bains, les cuisines, les laboratoires,
les pharmacies, les cafés, les casinos, les salles de spec-
tacle, les hospices, les amphitéâtres, les écoles, les
chambres à coucher, les cabinets d'aisances, etc...
à l'intérieur comme à l'extérieur.

Elle n'a aucune action nuisible sur la santé des ouvriers qui l'emploient ni sur celles des personnes qui
habitent des appartements nouvellement peints, le
blanc de zinc n'étant pas vénéneux comme la céruse.

On connaît les effets de l'intoxication plombique
déterminée par la céruse : les coliques saturnines, la
paralysie des muscles, la sclérose prématurée des ar-
tères, les dérangements cérébraux, etc., etc...

Le blanc de zinc peut se falsifier, comme la céruse,

soit avec le sulfate de baryte, poudre blanche comme lui et très lourde, soit avec le sulfate de chaux (plâtre), soit avec du blanc de Meudon ou la craie (carbonate de chaux), soit enfin avec le kaolin (terre à porcelaine), mais moins avec ce dernier produit en raison de son prix élevé.

La falsification du blanc de zinc est très facile à reconnaître ; on peut la constater avant et même après l'exécution des travaux.

Pour analyser sommairement du blanc de zinc en poudre, on en prend une pincée qu'on met dans un verre d'eau ordinaire contenant environ un verre à liqueur d'acide sulfurique du commerce ; on remue le mélange : si le produit est pur, il se dissout complètement et l'eau devient limpide ; si, au contraire, cette eau devient légèrement laiteuse, ou s'il y a le moindre résidu au fond du verre, on peut être certain que le blanc analysé contient au moins une des substances indiquées ci-dessus comme étant le plus communément employées pour le falsifier, et par conséquent qu'il n'est pas pur.

Lorsqu'il s'agit d'un travail fait, on gratte la peinture sur une petite surface, on calcine la poudre ainsi obtenue pour faire disparaître toute trace d'huile, on la lave à l'eau tiède, puis on traite le dépôt ainsi recueilli après le lavage absolument comme nous venons de l'indiquer pour le blanc en poudre. — On opère de même pour l'analyse sommaire du *blanc broyé* avant son emploi.

Dans le cas où on aurait mêlé de la céruse au blanc de zinc, il suffirait, pour reconnaître l'adultération, de verser dans la dissolution ci-dessus un peu de sulfhydrate d'ammoniaque ; à l'instant même, le blanc se transformerait en sulfure brun.

Si on ne veut point avoir recours au grattage pour

reconnaître s'il y a eu de la céruse mêlée au blanc de zinc, il suffit d'appliquer sur la peinture faite un peu de sulfhydrate d'ammoniaque ou simplement d'eau de Barèges, la présence de la céruse se décèlera immédiatement par une tache noirâtre.

Voici la classification des différents types d'oxydes de zinc fabriqués par la Société de la Vieille-Montagne :

Blanc de neige (cachet vert). — Il remplace avec une supériorité marquée le blanc d'argent à base de plomb. C'est le plus beau de tous les blancs connus : il conserve aux peintures une fraîcheur complète et durable. Nous le recommandons pour le réchampissage des rosaces, pour les glacis et les marbres blancs, dans les cages d'escalier, vestibules, corridors, etc...

Il faut conserver le blanc de neige dans un endroit sec, le baril bien fermé ; il en est de même pour les blancs n° 1 et 2 et les autres oxydes ; sans cela, ils pourraient se durcir.

Blanc n° 1 (cachet rouge). — Beaucoup plus blanc et plus beau que la céruse de première qualité, il est employé pour tous les travaux soignés de l'intérieur et de l'extérieur ; il est supérieur comme durée et comme fraîcheur aux plus belles céruses.

Blanc n° 2 (cachet bleu). — Aussi pur que le n° 1, mais un peu moins blanc ; il convient bien pour les premières couches, les travaux ordinaires et les ravalements, tant à l'intérieur qu'à l'extérieur.

Gris pierre (cachet jaune). — Donne un ton pierre gris clair et convient pour les tons un peu foncés et les couches d'impression des travaux ordinaires. Il est employé avec succès pour la peinture à l'huile des ravalements, des pièces métalliques, charpentes en fer, machines, etc., et il est spécialement utilisé pour la fabrication de l'oxychlorure de zinc (ciment métallique), etc.

Gris ardoise (cachet noir). — Le gris ardoise de zinc n'est pas un produit de la fabrication du blanc de zinc, il provient de celle du zinc brut.

Le gris ardoise est donc une poudre métallique, une poussière de zinc presque impalpable ; sa teinte gris foncé rappelle celle de l'ardoise ordinaire ; il remplace avec avantage le minium (oxyde de plomb) dans toutes ses applications sur le fer et la fonte ; il préserve ces métaux de la rouille beaucoup mieux que le minium et il forme aussi une peinture très solide sur les bois placés à l'extérieur et dans les endroits humides.

Pour les peintures sur fer, bois dur ou bois vert, il faut détremper le gris ardoise avec deux tiers d'huile et un bon tiers d'essence et y mettre au moins 5 p. 100 de siccatif ; il n'est pas indispensable de le broyer, il suffit de le laisser infuser, et il faut avoir soin de ne pas trop charger la brosse de cette peinture pour éviter le coulage et de remuer chaque fois qu'on trempe la brosse dans le camion, parce que cet oxyde, étant lourd, tend à se déposer au fond du récipient. On ajoute généralement au gris ardoise 10 p. 100 de blanc de zinc pour donner du lien à la teinte.

La Marine nationale l'emploie en remplacement du minium, pour la peinture des tôles galvanisées, des coques des torpilleurs, ainsi que pour celles des ponts flottants, appontements et autres ouvrages du même métal.

Avant de peindre les fers et les tôles, il faut les décaper avec un chiffon imprégné d'essence.

Utilisé aussi avec l'huile cuite sans essence ni siccatif, il fournit une excellente peinture sous-marine.

Les blancs de zinc peuvent être employés sans broyage il suffit de les faire infuser dans l'huile et de tamiser la teinte ; cependant, par le broyage on obtient un mélange plus complet avec l'huile et le blanc broyé, ayant plus de corps couvre mieux et permet de faire des peintures qui résistent beaucoup plus longtemps; aussi est-il toujours préférable de recouvrir au broyage.

Siccatif au manganèse. — Pour sécher la peinture à l'oxyde de zinc, il ne faut pas se servir de siccatifs habituellement employés avec la céruse, tels que la litharge, le sel de Saturne. Ces siccatifs, tout en produisant leur effet, ont l'inconvénient d'introduire dans la peinture un élément d'altération ; il ne faut se servir que de siccatif à base de manganèse.

Ce siccatif s'emploie à 2 p. 100 en le mélangeant au blanc de zinc avant le broyage, ou dans la teinte en remuant avec soin et en laissant reposer avant d'appliquer la peinture.

Dans les cas pressés, on peut forcer de 1 p. 100 sans danger.

Ce siccatif doit être tenu à l'abri de l'humidité.

Voici la composition d'un kilogramme de *peinture gris clair* à base de zinc employée par l'artillerie :

Blanc de zinc en pâte	680 gr.
Essence de térébenthine	85 gr.
Huile de lin cuite	215 gr.
Siccatif à base de manganèse	8 gr.
Noir en pâte	12 gr.
	1.000 gr.

Pour la préparation de la couche d'impression à appliquer sur le matériel destiné à être peint en vert olive, le blanc de zinc en pâte est mêlé à l'ocre jaune dans la proportion de 10 p. 100.

Mastic et enduit au blanc de zinc. — Il faut aussi éviter de se servir de mastics ou enduits autres que ceux au blanc de zinc lorsque les peintures sont faites avec cet oxyde ; sinon, au bout de peu de temps, les parties rebouchées reparaîtraient sous les couches de peinture qui les couvrent.

Mélange des couleurs pour composer les teintes (selon Berthollet et Maviez).

Blanc et gris.

Blanc d'émail. — Céruse, 400 parties. Bleu de Prusse, 1 partie.
Gris clair ou *gris blanc.* — Céruse, 150. Noir d'ivoire, 1.
Gris argentin. — Blanc, 200. Indigo (ou noir de composition ou noir de vigne, en petite quantité), 1.
Gris de perle. — Blanc, 100. Noir de charbon ou bleu de Prusse, 1.
Gris de fantaisie. — Blanc, 100. Noir, 1.
Blanc azuré. — Blanc, 100. Indigo, 1.
Gris de lin. — Blanc, 100. Laque, noir d'ivoire ou bleu de Prusse, 1.
Gris ardoise. — Blanc, 10. Noir, 1.

Teintes jaunes.

Jaune paille. — Blanc, 40. Jaune de chrome, 1, ou bien la moitié en stil de grain, ou bien en jaune de Naples, en laque jaune ou en orpin.
Couleur de pierre. — Blanc, 13. Ocre jaune, 1.
Nankin. — Blanc, 40. Rouge de Prusse, 1. Ocre jaune ½.
Chamois. — Blanc, 30. Jaune de chrome, 1. Vermillon, 1. Ou bien : blanc de céruse, jaune de Naples (beaucoup), vermillon (un peu), ocre de Berry (un peu).
Chamois foncé. — Blanc, 10. Terre de Sienne, 1.
Jaune serin. — On emploie le jaune minéral pur.
Citron. — Blanc, 40. Jaune de chrome, 1. Bleu de Prusse, 1.
Jonquille. — Blanc, 5. Jaune de chrome (ou du stil

de grain, ou de la laque jaune soutenue par une pointe de jaune de Mars), 1.

Couleur d'or. — Blanc. Jaune de chrome, 1 /10 ; ou bien : jaune minéral, 3 /4, et cinabre ou vermillon, 1 /100. La laque jaune, le jaune de Naples, le jaune d'antimoine, une pointe de jaune de Mars et du blanc de Mars donnent une belle couleur d'or.

Couleur soufre. — Blanc. Jaune minéral, 4 /5. Bleu de Prusse, 1 /400.

Café au lait. — Blanc. Terre de Sienne, 1 /20. Terre d'ombre 1 /30.

Couleur bois de noyer foncé. — Blanc. Terre d'ombre, 1 /10. Ocre rouge, 1 /30.

Teintes rouges.

Rose. — Blanc. Laque carminée ou laque de garance, 1 /10. En diminuant graduellement la proportion de la laque, on a des roses plus ou moins clairs.

Lilas. — Blanc. Laque, 1 /13. Bleu de Prusse, 1 /60.

Lilas solide. — Blanc. Carmin de garance, 1 /20. Outremer, 1 /32.

Crevette. — Saumon blanc et vermillon.

Rouge pour carreau. — Ocre rouge pur ou bien rouge de Prusse.

Rouge cerise. — Vermillon de Chine pur.

Cramoisi. — Parties égales de laque carminée et de vermillon, ou laque carminée, carmin et très peu de blanc.

Couleur de rose. — Un peu de carmin avec une pointe de vermillon et du blanc de plomb.

Ecarlate. — Vermillon de Chine pur.

Pourpre. — Parties égales de laque et de vermillon et 1 /20 de bleu de Prusse.

Fonds de bois d'acajou. — Blanc. Terre de Sienne calcinée, 1 /15. Mine orange, 1 /20.

Amarante. — Brun rouge. Laque, 1 /4. Blanc, 1 /4.

Teintes bleues.

Bleu azuré. — Blanc, 1 /20 de bleu de Prusse : ou bien 1 /30 d'outremer.

Bleu barbeau ou bluet. — Blanc. Bleu de Prusse, 1 /50. Laque, 1 /500. Lorsqu'on emploie des bleus peu solides ayant une tendance à virer au vert, il est bon de les soutenir par une pointe de garance ou de vermillon.

Indigo. — Indigo ou bleu de Prusse et noir avec pointe de carmin.

Teintes noires.

Le noir est une couleur simple ; on l'additionne de *bleu de Prusse* pur, on obtient un beau noir velouté.

Teintes oranges.

Orange. — Blanc. Jaune de chrome, 1 /10. Mine orange, 1 /5.

Teintes vertes.

Vert d'eau. — Blanc. Jaune de chrome, de 1 /6 à 1 /2. Bleu de Prusse, de 1 /100 à 1 /150.

Vert d'eau en détrempe. — Blanc de céruse et vert de montagne, tous deux broyés à l'eau.

Vert d'eau vif. — Céruse ; cendre bleue, ou du stil de grain, ou mieux de la laque jaune de gaude.

Vert d'eau au vernis. — Céruse et vert-de-gris. Vernis à l'essence ; ou mieux au copal.

Vert de composition pour les appartements. — Blanc de céruse ; stil de grain, bleu de Prusse.

Vert pour les roues d'équipages. — Céruse et vert-de-gris et vernis de Hollande.

Vert-pré. — Blanc ; autant de jaune de chrome et 1 /12 de bleu de Prusse ; en mettant 1 /3 de jaune de chrome et 1 /36 de bleu de Prusse, on a une nuance plus claire.

Vert-pomme. — Cendre verte et 1 /6 de jaune de chrome. On l'obtient plus clair en employant :blanc ; même quantité de cendre verte, et 1 /2 de jaune de chrome.

Vert de treillage pour les villes. — Blanc ; 1 /2 en vert-de-gris. Pour les treillages destinés à la campagne, on ajoute au blanc 2 de vert-de-gris.

Olive en détrempe. — Blanc de Meudon, jaune de Berry et indigo. Si l'on vernit la couleur, on substitue la céruse au blanc de Meudon.

Olive à l'huile. — Jaune de Berry ; un peu de vert-de-gris et du noir. Plus : huile et essence.

Vert de mer. — Blanc de céruse ; bleu de Prusse et stil de grain de Troyes.

Vert de Saxe. — Blanc de céruse ; vert cristallisé ; jaune et bleu. Les mélanges de noir et de jaune produisent des verts. Tels sont le vert olive, le vert américain, etc...

Vert Saxe. — Jaune de chrome, et 1 /10 de bleu de Prusse.

Vert d'atelier. — Blanc. Jaune de chrome, 1 /4. Indigo, 1 /10.

Vert américain. — Blanc. Ocre jaune, 1 /2. Noir de charbon 1 /8. Bleu de Prusse, 1 /20.

Vert bronze. — Blanc. Jaune de chrome, 1 /4. Bleu de Prusse, 1 /16. Noir, 1 /16.

Vert olive. — Blanc. Ocre jaune, 1 /2. Noir, 1 /4. On l'obtient plus clair en augmentant le blanc. Pour obtenir les teintes vertes solides, le jaune de chrome doit être remplacé par quatre fois son poids de jaune de Naples, et le bleu de Prusse par deux fois son poids d'outremer.

Vert cru. — Vert de Prusse.

Vert feuillage. — Jaune de chrome. Bleu de Prusse. Terre de Sienne.

Vert artillerie. — Vert de Prusse, noir.

Teinte violette.

Violet tirant sur le rouge. — Laque carminée, et 1 /20 de bleu de Prusse. On augmente ou bien l'on diminue l'intensité du violet, suivant les proportions des principes constituants. Quand on veut que cette couleur soit bien solide, on remplace la laque carminée par la même quantité de laque garance, et le bleu de Prusse par neuf fois autant d'outremer.

Teintes brunes.

Chocolat à l'eau. — Blanc ; parties égales de terre d'ombre de 1 /4 de rouge de Prusse.

Chocolat au lait. — Blanc ; terre d'ombre et rouge de Prusse, 1 /10 chacun.

Marron. — Rouge brun, et 1 /20 de vermillon.

Bois de chêne. — Céruse, 3 /4. ocre de rut ; terre d'ombre et jaune de Berry, 1 /4.

Brun marron foncé. — Rouge d'Angleterre ; ocre de rut et noir d'ivoire.

Lithopone. — Cette peinture blanche est un mélange de 68 pour cent de sulfate de baryte, de 30 pour cent de sulfure de zinc et de 2 pour cent d'oxyde de zinc. *Elle couvre* bien et ne craint pas les émanations sulfureuses, c'est pourquoi on la substitue fréquemment à la céruse et au blanc de zinc.

CHAPITRE XI

VERNIS, DORURE, ARGENTURE
ET BRONZAGE

Les vernis sont des dissolutions de résines ou de laque dans l'alcool ou l'essence de térébenthine ; en ajoutant de l'huile de lin, on obtient les *vernis gras* qui s'emploient pour l'extérieur, tandis que les précédents sont réservés pour l'intérieur ; les vernis hydrofuges sont spéciaux pour endroits humides.

Voici quelques bonnes formules de vernis :

1° *Vernis à l'alcool :*

Sandaraque	80 gr.
Succin	70 gr.
Mastic en grains	40 gr.
Térébenthine de Venise	20 gr.
Alcool à 90°	1.000 gr.

Autre :

Sandaraque	180 gr.
Copal	100 gr.
Mastic en grains	100 gr.
Térébenthine de Venise	100 gr.
Verre pilé	75 gr.
Alcool à 90°	1.000 gr.

Autre :

Sandaraque	200 gr.
Laque en écailles...........	100 gr.
Colophane ou résine	100 gr.
Verre pilé	100 gr.
Térébenthine de Venise	125 gr.
Alcool	1.000 gr.

Vernis rouges pour acajou :

Gomme laque brune	300 gr.
Santal rouge pulvérisé	150 gr.
Alcool à 90°	2.500 gr.

Vernis incolore pour bois blanc :

Gomme-laque blanche	400 gr.
Alcool à 90°	800 gr.

2° *Vernis à l'essence :*

Mastic en larmes	350 gr.
Térébenthine de Venise	40 gr.
Camphre en poudre	15 gr.
Verre pilé	150 gr.
Essence de térébenthine	1.000 gr.

Autre :

Copal tendre	300 gr.
Camphre	40 gr.
Essence de térébenthine	1.000 gr.

Vernis jaune dit à l'or :

Mastic en larmes	120 gr.
Sandaraque	120 gr.
Térébenthine de Venise	25 gr.
Gomme-gutte	50 gr.
Essence de térébenthine	1.000 gr.

3° *Vernis gras :*

Vernis pour l'extérieur :

Gomme dure..............	300 gr.
Huile de lin cuite	460 gr.
Essence de térébenthine	230 gr.
Acétate de plomb	10 gr.

Vernis Martin :

	1°	2°	3°	
Copal dur	350	225	400	gr.
Huile de lin cuite ..	150	400	100	gr.
Essence de térébenthine	500	375	500	gr.

Pour obtenir un vernis plus fin, on remplace le copal par le succin ; pour avoir un vernis noir, remplacer le copal par du bitume de Judée, dans la formule suivante :

Copal .... 200 gr.
Huile de lin cuite .... 150 gr.
Essence de térébenthine .... 300 gr.

4° *Vernis hydrofuge :*

Bitume fondu .... 500 gr.

Ajouter en remuant :

Benzine .... 150 gr.
Essence de térébenthine .... 60 gr.
Noir de fumée .... 60 gr.

7° *Vernis d'or pour cuivre poli :*

Laque en écailles.............. 95 gr.
Succin .... 35 gr.
Sang-dragon .... 20 gr.
Gomme-gutte .... 5 gr.
Safran pulvérisé .... 1 gr.
Verre pilé .... 65 gr.
Santal....................... 1 gr.
Acide borique .... 13 gr.
Alcool à 90° .... 850 gr.

Les vernis à l'alcool s'appliquent au tampon sur le bois et au pinceau sur les métaux ; les vernis à l'essence et à l'huile s'appliquent au pinceau.

On colore les vernis par addition de couleurs d'aniline ou, si l'on veut obtenir des *peintures vernissées*, par additions de poudres colorantes (voir le chapitre *Peinture*).

Vernis aux gommes synthétiques. — Les *gommes artificielles*, telles que la *Bakélite*, jouissent de la propriété de *durcir* et devenir *inattaquables* aux acides et aux agents atmosphériques, par une cuisson à 135-150 degrés, dite *polymérisation.* — Les vernis obtenus en dissolvant ces gommes dans l'alcool, peuvent être employés sur bois et métaux pour travaux exposés à l'humidité, aux vapeurs acides ou à une haute température jusqu'à 300 degrés.

Enlèvement des vieilles peintures et vernis. — Pour faire une bonne peinture neuve sur une surface déjà peinte anciennement, il est préférable d'enlever complètement la vieille peinture pour polir et reboucher la surface à peindre. Les vieilles peintures s'enlèvent par grattage (ce qui est très malsain pour les ouvriers à cause des poussières de plomb), ou par lessivage à l'eau contenant de la potasse caustique.

Quand la peinture a été recouverte de vernis, la lessive de potasse a peu d'action ; on emploie alors une *lampe à souder*, fonctionnant à l'alcool ou à l'essence, dont on promène la flamme sur la peinture à enlever ; avec un petit grattoir, on détache alors très facilement le vernis et la peinture ancienne.

Une composition, brevetée en Allemagne, sous le n° 30366, en faveur de M. Meyer, à Berlin, consiste en cinq parties de solution de silicate de potasse à 36 p. 100, une partie de lessive de soude à 40 p. 100, et une partie de sel ammoniac.

Lessivage et nettoyage des peintures à l'huile. — Ce lessivage se fait avec une dissolution très étendue de carbonate de soude dans l'eau, suivi d'un lavage à l'eau pure. Après dessiccation de la surface nettoyée, on frotte avec de l'encaustique à la cire pour les peintures mates, ou bien on passe une couche de vernis.

Conseils pour la peinture et le vernissage du bois. — Pour la peinture et le vernissage des bois, l'impression demande à être combinée en raison de la porosité particulière à chacun d'eux ; lorsqu'ils sont spongieux et tendres, comme le bois blanc, le peuplier, l'aulne et le sapin, on peut les imprimer avec une teinte contenant moitié huile, moitié essence, avec un tiers en volume de matière colorante. Quand les bois sont durs et serrés de pores comme le chêne, il faut donner une impression très maigre avec presque pas d'huile.

Pour les boiseries à vernir on peut couper la première couche de vernis d'un peu d'essence de térébenthine, surtout lorsqu'il s'agit d'un bois compact comme le chêne, pour l'empêcher de foncer, on peut appliquer au préalable deux couches très minces de gélatine dissoute dans de l'eau et refroidie ou une dissolution de gomme-laque dans l'alcool.

Pour les bois résineux, il faut avoir bien soin d'examiner s'ils ne contiennent pas de nœuds qui pourraient dégager de la résine et détruire les peintures y appliquées ; en ce cas, il faut les brûler à fond au fer chaud ou les recouvrir d'une ou deux couches de dissolution de gomme-laque dans l'alcool pour les isoler.

Il convient de bien nettoyer le bois avant de le peindre et de le débarrasser des traces de graisses ou d'huile que les outils du menuisier pourraient y avoir laissées. Rappelons une fois de plus combien il serait important pour la solidité d'un travail, que la couche d'impression soit toujours mise par le peintre.

La peinture des boiseries nécessite au minimum trois couches pour les travaux ordinaires ; pour un travail un peu convenable, il faut nécessairement quatre couches, et certains travaux soignés peuvent même en nécessiter cinq.

Le vernissage nécessite lui aussi, un minimum de trois couches ; pour faire un bon travail à l'extérieur, surtout à l'exposition au sud-ouest. cinq couches de vernis sont indispensables.

Dorure, argenture et bronzage. — La dorure et l'argenture se font en appliquant, avec un blaireau, des feuilles d'or ou d'argent, sur les surfaces préalablement préparées par des couches de peinture poncées et enduites d'une colle ou vernis appelé *mordant* destiné à fixer la feuille d'or ou d'argent.

Les parties qui doivent être brillantes sont polies ou *brunies* avec un *brunissoir* en   acier.

Le *bronzage* se fait en répandant de la poudre de bronze sur du vernis formant *mordant* dont on a enduit la surface à bronzer. On emploie pour cela des poudres de bronze de couleurs diverses variant du jaune au brun et au vert, et aussi de la poudre d'aluminium qui imite l'argenture mate. Généralement, le bronzage ne se fait que sur les parties saillantes des moulures ou sculptures de la fonte du fer, du bois ou d'un enduit en plâtre peint. Le travail du doreur est délicat et compliqué, nos lecteurs feront bien de consulter à cet égard, un traité spécial à cet art.

L'application des poudres se fait au *pistolet à air comprimé*, que nous décrivons page 141 de ce volume, figure 84.

CHAPITRE XII

ENCAUSTIQUES, BROU DE NOIX

Les encaustiques sont des dissolutions de cire que l'on applique sur les parquets ou boiseries destinées à être cirées ; suivant le cas, l'encaustique s'applique chaud ou froid avec un pinceau ou un tampon de laine. Après que l'encaustique est sèche, il suffit de frotter avec un chiffon de laine ou avec une brosse à parquet pour obtenir une surface lustrée ; l'encaustique ne doit être appliquée que sur des surfaces propres et sèches ; si le bois est sale, il faut le frotter à la paille de fer ou au papier de verre.

On fait aussi les encaustiques pour les carreaux de terre, de céramique et pour les marbres.

Voici quelques formules pour préparer les encaustiques :

1° Faites fondre au bain-marie :

Cire jaune râpée .... 4 parties
Essence de térébenthine ... 5 à 8 —

2° Faites fondre :

Cire blanche ou jaune . ... 1 partie

Ajoutez ensuite :

Pétrole .... 5 parties

3° Encaustiques pour carrelages :

Gomme-laque	100
Galipot	50
Arcanson ou résine	50
Cire jaune	25
Essence de térébenthine ....:...	70
Alcool dénaturé	350

(En poids).

A fondre au bain-marie.

4° Encaustique à la potasse :

Faites fondre 500 grammes de cire jaune en morceaux dans 1.000 grammes d'eau avec 60 grammes de carbonate de potasse ; faites bouillir en remuant constamment jusqu'à complète dissolution de la cire et remuez jusqu'à complet refroidissement.

5° Encaustique au savon :

Faites dissoudre 125 grammes de savon blanc dans 5 litres d'eau et ajoutez à chaud 500 grammes de cire jaune râpée ; remuez jusqu'à dissolution à chaud et ajoutez 60 grammes de carbonate de potasse ; remuez pendant le refroidissement.

6° Encaustique à la litharge :

Faites fondre : 1.000 grammes de cire jaune et ajoutez 120 grammes de litharge en poudre ; agitez et mélangez intimement. Quand cette préparation a pris une teinte marron et qu'une goutte posée sur un marbre froid s'écrase en poussière, sous la pression de l'ongle, laissez refroidir ; pour l'emploi, faites dissoudre 100 grammes de ce produit dans 200 grammes d'essence de térébenthine.

7° Encaustique à l'œuf :

Cire jaune	120 gr.
Essence de térébenthine	120 gr.
Jaunes d'œufs	VIII
Eau chaude	2 lit.

Faites fondre d'abord la cire dans l'essence et ajoutez les jaunes d'œufs ; triturez dans un mortier chaud, puis délayez dans l'eau bouillante.

8° Encaustique à la colophane :

Cire jaune	400 gr.
Essence de térébenthine	200 gr.
Colophane	100 gr.

On colore les encaustiques par addition de noir ani-
mal, d'ocres rouges ou jaunes, de rocou, d'orcanette
(rouge), de quercitron (jaune), de terre d'ombre, etc.,
en quantités suffisantes pour obtenir la teinte désirée.

Avant d'encaustiquer un parquet, il faut reboucher
les fentes, ce qui se fait avec un mélange en parties
égales de cire jaune et de résine, avec un quart de partie de sciure de bois fine ; ce mastic s'applique à
chaud.

Huilage des parquets. — Pour les magasins et locaux
industriels, on conseille de frotter le parquet avec de
l'huile de naphte ; le bois absorbe l'huile qui le conserve et le durcit ; la poussière n'adhère pas et s'enlève facilement ; l'eau n'a aucune action sur un parquet ainsi traité.

Voici encore deux formules d'encaustiques spéciaux
pour les planchers :

Encaustique à l'huile de lin :
Les couleurs, dans la composition desquelles il entre
de la céruse, hâtent l'usure des planchers. Il faut employer, à cet usage, des couleurs faites seulement avec
des terres.

Les vernis cuits avec des composés de plomb produisent le même effet. Il vaut mieux se servir de vernis au borate de manganèse, pour la préparation du-
quel la recette suivante est très recommandable :

Pilez très fin un kilogramme de borate de manganèse
bien sec et exempt de fer (c'est-à-dire parfaitement blanc)
Versez, petit à petit, la poudre dans 5 kilogrammes d'huile
de lin en agitant sans relâche et en chauffant jusqu'à
200 degrés. Mettez 50 kilogrammes d'huile de lin dans une
chaudière, faites chauffer jusqu'à formation de bulles,
versez le premier liquide en filet mince dans le second,
avivez le feu, laissez cuire pendant dix-huit à vingt minutes

9.

retirez et filtrez chaud à travers une toile de coton. Le vernis est prêt et peut être employé immédiatement. on en met ordinairement deux couches, en ayant soin d'attendre que la première soit sèche avant de mettre la seconde.

On obtiendra le maximum de brillant et de solidité de la couleur, en ajoutant une couche de laque.

Encaustique à la colle de menuisier :

Dissolvez dans l'eau chaude 70 grammes de colle claire de menuisier, en remuant toujours, une livre ou 450 grammes d'un épais lait de chaux porté au point d'ébullition. Additionnez la chaux bouillante, sans cesser de remuer, d'huile de lin, jusqu'à l'union parfaite de la chaux et de l'huile par la saponification et jusqu'à ce que l'huile soit en excès. S'il arrive qu'on ait mis un peu trop d'huile, on ajoutera un peu de chaux pour rétablir l'équilibre. Pour la quantité de chaux indiquée il faut environ une livre d'huile. Quand la pâte ainsi obtenue est refroidie, on la colore comme on le veut, pourvu que la couleur ne soit pas attaquée par la chaux. On dilue ensuite, au moment de l'application, la peinture dans de l'eau ou dans une mixture d'eau de chaux et de quelque peu d'huile de lin.

Pour les teintes sombres, on additionnera à la masse un quart en poids environ d'une dissolution obtenue en faisant bouillir de la laque en feuilles et du borax dans de l'eau.

Falsifications des cires et encaustiques. — La cire jaune *d'abeilles* est rarement vendue à l'état pur par les droguistes. C'est cependant la meilleure pour faire une bonne encaustique. Ce qu'on vend dans le commerce sous le nom de *cire à parquets* est généralement un composé de cérésine, paraffine, cire du Japon, etc., qui ne donne pas une encaustique de bonne qualité. La même observation s'applique aux encaustiques que l'on achète toute préparées où il n'y a que peu ou point de cire d'abeilles.

Brou de noix. — Pour donner au bois la teinte vieux chêne ou noyer, on le passe, avant de l'encaustiquer, à la teinture de *brou de noix*. Cette teinture se prépare en faisant bouillir deux heures, dans de l'eau l'écorce verte des noix fraîches. On additionne cette décoction de 5. p. 100 de son poids d'alun, afin de conserver le liquide et aussi de le fixer sur le bois.

Les noix doivent être très mures, la pulpe qui les enveloppe ayant une couleur brune ou noire.

L'application de cette teinture se fait au pinceau ou avec une éponge. Après séchage, poncez et encaustiquez.

Si l'on n'a pas de pulpe de noix, on peut faire une teinture imitant le brou, par la formule suivante :

Potasse d'Amérique	80	grammes
Terre de Cassel	150	—
Bois d'Inde	20	—
Eau	5	litres

Faire bouillir pendant dix à quinze minutes.

CHAPITRE XIII

PEINTURES ET ENDUITS HYDROFUGES ET IGNIFUGES

Nous avons parlé dans ce volume des enduits d'asphalte et de bitume et dans le volume II des enduits en ciments et chaux hydrauliques.

Nous donnons ci-après quelques formules de peintures hydrofuges :

1º *Enduits employés pour les cales de navires :*

Huile de lin...............	100	parties
Essence de térébenthine ...	150	—
Huile de naphte ou de houille	450	—
Résine ou colophane	450	—

Autre :

Résidus d'huile de palme	50	—
Nerdel pulvérisé	100	—
Sulfure d'arsenic	150	—
Essence de térébenthine ...	60	—
Huile de lin...............	60	—

2º *Pour murs et boiseries :*

Goudron de Norvège	100	kgr.
Goudron de gaz..............	100	kgr.
Poix noire	50	kgr.

Fondus à chaud (inflammable).

Autre :

Goudron de gaz...............	40	kgr.
Huile de gourdon	40	kgr.
Colcotar	10	kgr.

3° *Enduit hydrofuge de Thénard et Darcet :*

Huile de lin.... 10 parties ⎫
Litharge....... 1 — ⎬ cuites ensemble.
Résine fondue 20 à 30 — ⎭

4° *Enduit à la paraffine :*

Goudron de gaz chaud .... 150 parties
Paraffine fondue .... 50 —
   (S'emploie à chaud, 50 degrés centigrades).

7° *Enduits pour bois et toitures :*

Goudron de houille .... 100 parties
Magnésie .... 60 —
Goudron de Norvège ...... 50 —
Silice en poudre .... 40 —
Oxyde de fer............. 16 —
Oxyde de plomb .... 16 —
Huile de lin.............. 12 —
Huile d'anthracène........ 12 —
Silicate de soude .... 16 —
   (fondre à 100 degrés centigrades).

6° *Enduit Ruoltz, pour murs et boiseries :*

Oxyde de zinc pulvérisé .... 366 gr.
Oxyde de fer pulvérisé .... 273 gr.
Carbonate de zinc pulvérisé .... 222 gr.
Silice pulvérisée .... 70 gr.
Charbon pulvérisé .... 47 gr.
Zinc métallique pulvérisé ...... 14 gr.
Argile sèche pulvérisée .... 10 gr.
Délayer dans 2 parties d'huile de lin et 7 parties d'huile
d'œillette, en ajoutant 1 p. 100 d'essence de térébenthine.

7° *Enduit Dondème :*

Huile de lin .... 15 kgr.
Galipot ou colophane .... 15 kgr.
Suif...................... 15 kgr.
Blanc de zinc ou céruse .... 12 kgr.
Minium .... 10 kgr.
Oxyde de fer .... 8 kgr.
Chaux hydratée .... 6 kgr.
Ciment .... 6 kgr.
Couleur en poudre .... 4 kgr.
Litharge................... 2 kgr.
Gutta-percha ou colle forte .... 2 kgr.

Faire cuire jusqu'à réduction du dixième, s'emploie à chaud ou à froid.

8° *Enduit hydrofuge* (formule du Ministère des Pensions pour la peinture intérieure des cercueils des militaires tués pendant la guerre 1914-1918) :

Huile de lin .... 625 | Gomme-laque 45
Blanc de zinc .... 275 | Essence de térébenthine 55

9° *Enduit Machabée* :

Poix grasse..... 60 kgr. | Cire d'abeilles .. 4 kgr.
Bitume .... 19 kgr. | Suif .... 3 kgr.
Chaux hydraulique 6 kgr. | Galipot .... 2 kgr
Ciment romain .. 6 kgr. | (Fondre à chaud).

10° *Enduit Charton :*

Coke en poudre. 29 kgr. | Bitume de Bastinnes 20 kgr.
Asphalte ..... 25 kgr. | Cire .... 1 kgr.
Bitume de Judée 25 kgr. | (Fondus à chaud).

On fait encore des enduits hydrofuges avec des mélanges de solutions de caoutchouc ou de gutta-percha dans la benzine avec du goudron de gaz, ou simplement avec du caoutchouc non vulcanisé dissout dans le sulfure de carbone stauré de soufre. Ces enduits sont d'un prix élevé.

Enduits ignifuges. — Les bois employés dans les constructions industrielles ou dans les théâtres et bâtiments légers où ils sont le plus exposés à l'incendie, peuvent être badigeonnés avec l'une des compositions suivantes :

1° *Enduit Mandet ou glycérocolle :*

Autre :

Dextrine blanche soluble ... 1 kgr. 500
Glycérine à 28 degrés ...... 1 kgr. 900
Sulfate d'alumine .... 0 kgr. 100

2º *Pour bois ou décors :*

Eau	1.000 gr.	Acide borique ...	50 gr.
Colle de peau .	600 gr.	Gélatine	10 gr.
Sel ammoniac	200 gr.		

(Carbonate de chaux pulvérisé pour épaissir la masse liquide.)

Autre :

| Eau .... | 1.000 gr. | Acide borique ... | 50 gr. |
| Sel ammoniac | 100 gr. | Borax .... | 25 gr. |

Autre :

Eau......................	1.000 gr.
Sulfate d'ammoniaque	100 gr.
Acide borique	50 gr.
Borax	25 gr.
Amidon ou gélatine	5 gr.

Mélanger intimement et à sec 20 kilogrammes de sulfate de baryte pulvérisé et 1 kilogramme d'oxyde de zinc ; quand le mélange est bien homogène, ajoutez 20 litres d'eau ; par malaxage vous obtiendrez une pâte a laquelle vous ajouterez enfin 20 kilogrammes de silicate de potasse 30º B. Donner deux ou trois couches de cette peinture sur les bois à protéger en ayant soin de laisser bien sécher la couche précédente avant d'appliquer la suivante. La peinture a besoin d'être remuée souvent, car le pigment, qui est très dense, se dépose rapidement. Il ne faut pas préparer trop de peinture à la fois, car elle ne se conserve pas plus de trois jours. On peut teinter cette peinture par addition d'ocre, ou d'une couleur minérale préalablement délayée dans un peu d'eau.

Ce procédé est dû à M. Kulhamnn.

On peut aussi préparer une peinture en mélangeant du carbonate de chaux pulvérisé avec des couleurs minérales et en délayant dans un liquide formé de deux parties d'eau et d'une partie de silicate de soude.

On emploie de même des ocres jaunes, rouges ou

bruns qui sont des argiles, plus ou moins mélangées de carbonate de chaux, colorées par des oxydes de fer, de manganèse et autres. Ces ocres forment avec le silicate une couche dure et ignifuge, résistant à l'eau, s'appliquant bien sur les bois bruts et poreux.

On peut encore badigeonner les bois ou tissus avec du silicate de soude ou de potasse, ou avec du phosphate d'ammoniaque ou du tungstate de soude qui a l'avantage de laisser aux tissus leur couleur et leur souplesse.

Enduit réfractaire sur le fer. — On a réalisé un enduit pour le fer résistant très bien à l'action d'un feu modéré, de la manière suivante :

Le fer, parfaitement nettoyé et dégraissé, reçoit d'abord une couche de silicate de potasse (30° B.) auquel on a incorporé un quart de son poids de verre finement pulvérisé (impalpable). Après séchage de cette première couche on en applique une seconde composée de 14 parties de sable silicieux très fin, 4 parties de battitures de fer pulvérisées, 1/2 partie de chaux éteinte, 1/2 partie d'argile et la quantité nécessaire de silicate de potasse (30° B.) pour faire un enduit s'étendant facilement à la brosse.

(Journal l'Usine.)

Hydrofugeage des ciments. — Il y a deux façons de procéder :

1° Le badigeonnage de la surface cimentée par un produit imperméabilisant ;

2° Le mélange à la masse même du ciment du produit hydrofuge.

Le badigeonnage qui se pratique habituellement, est à base de goudron de houille, d'huile de lin, de vernis siccatif, de paraffine, ou constitué par une peinture composée d'huile siccative et d'une matière minérale quelconque, le plus souvent du sulfate de baryte.

Pour les murs intérieurs destinés à recevoir une couche de peinture ornementale, enduire la surface cimentée de couches successives, soit d'une solution à 15° Baumé de silicate de soude, soit d'une solution chaude, de même densité, de borax ; mais celui-ci donne parfois des efflorescences. Sont préférables les solutions d'hydrofluosilicates de zinc, de magnésie ou d'aluminium, qui, en se combinant avec la chaux du ciment, forment des combinaisons calciques insolubles.

Un autre procédé consiste en l'application de couches de résinate de chaux, obtenu de la façon suivante :

Dans un récipient d'environ 100 litres, faites fondre 20 kilogrammes de résine ; quand elle est bien fondue, ajoutez par petites fractions 1 kilogramme de chaux fraîchement éteinte finement pulvérisée et tamisée. Agitez fortement la masse jusqu'à la formation du résinate de chaux. Celui-ci formé, retirez du feu et, avec précaution et par petites quantités, en continuant d'agiter la masse, ajoutez 50 litres de *solvent naphta* ; laissez refroidir, et décantez la partie claire, qui constitue le vernis imperméabilisateur.

Ces divers prodécés, qui peuvent servir pour hydrofuger une surface cimentée destinée à recevoir une peinture ornementale, sont insuffisants s'il s'agit d'hydrofuger une citerne ou une construction exposée aux intempéries. Il faut, dès lors, incorporer dans la masse même du ciment la matière hydrofugeante.

Comme matières imperméabilisatrices, on peut employer le goudron de houille, des matières grasses saponifiables qui forment, avec la chaux du ciment, des oléates calcaires insolubles.

L'emploi du goudron paraît inférieur à l'incorporation de corps gras sous forme de savon.

Ces savons sont à base d'huile de lin, de graisses, tels que le suint ou autre.

Pour les obtenir, on fait fondre dans un chaudron ayant une capacité d'environ quatre fois celle nécessaire à contenir le corps gras à saponifier, puis on ajoute, par petites portions successives, de la lessive de potasse dont on augmente progressivement la densité.

En prenant par exemple, 100 kilogrammes d'acide gras, on emploiera d'avord 20 litres de potasse à 15º Baumé, que l'on fera absorber peu à peu par le corps gras préalablement fondu. On poussera le feu et brassera la masse en surveillant la montée en mousse. Après la chute des mousses, on ajoutera 20 litres de lessive à 22º Baumé, toujours en brassant et en maintenant la température. Puis, pour finir, on introduira dans la masse savonneuse 15 litres de lessive à 35º Baumé. La température sera maintenue jusqu'à obtention d'une masse visqueuse.

On dissout le savon dans l'eau et on mélange au mortier.

Par exemple, 5 kilogrammes de savon sont dissous dans 20 à 25 litres d'eau et incorporés au mélange suivant :

> Sable et ciment : 100 kilogrammes ;
> Chaux éteinte et blutée : 2 kilogrammes ;
> Eau : quantité suffisante.

Le mortier ainsi obtenu doit être appliqué tout de suite.

Il est indispensable que le gâchage soit méticuleux, car, pour réussir, il faut une répartition homogène de l'oléo-calcaire dans la couche de ciment. Utiliser pour le mélange la bétonneuse ou le broyeur à mortier.

CHAPITRE XIV

APPLICATION DES PEINTURES
ET ENDUITS

La figure 83 montre les outils essentiels des peintres :

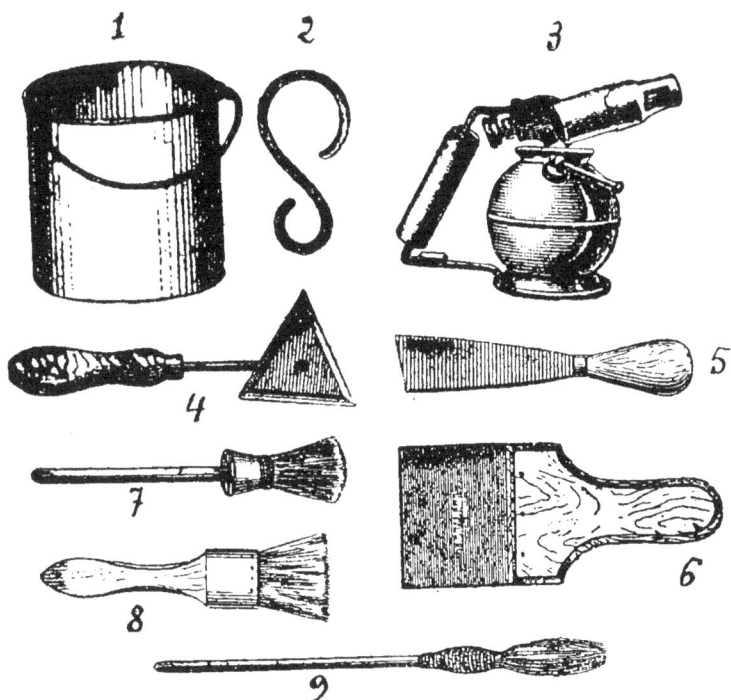

Fig. 83. — Outils du peintre en bâtiments.

1. Seau à peinture dit camion ; 2. Crochet en forme d'S, pour suspendre le seau aux barreaux d'échelles

3. Lampe à essence pour brûler les vieilles peintures

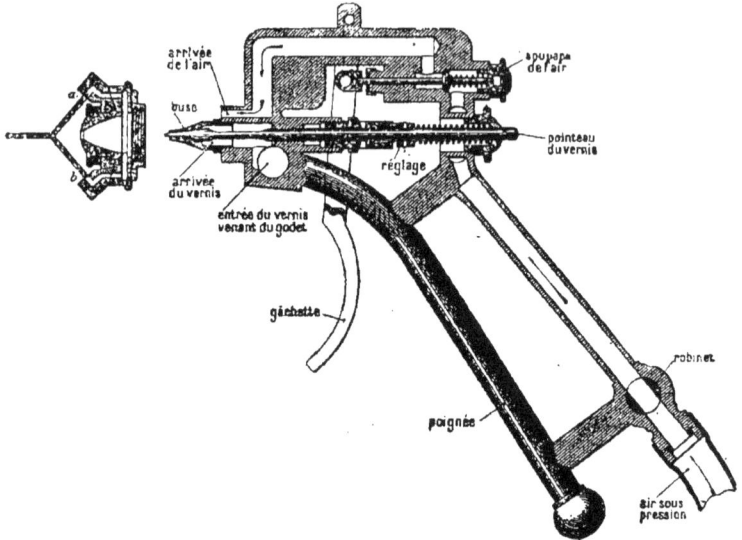

Fig. 84. — Pistolet.

ce travail se fait aussi avec un réchaud portatif à gaz ou à charbon de bois ;
4. Grattoir triangulaire ;
5. Couteau à mastiquer et reboucher ; 6. Couteau à enduire ; 7. Brosse à badigeonner ou peindre ; 8. Pinceau dit à queue-de-morue ; 9. Petit pinceau rond pour champs, moulures et raccords.

Fig. 85. — Pulvérisateur avec pompe à air mue à la main.

Mais l'ancien procédé au pinceau est généralement remplacé maintenant par la *projection* des badigeons, peintures, goudrons, poudres colorantes et enduits, au moyen de *l'air comprimé*, dès qu'il s'agit de grandes surfaces ou de nombreux objets à peindre, tels que : pièces de charpentes en bois ou en fer, tuyaux, réservoirs, automobiles, etc.

La projection se fait au moyen d'un *pulvérisateur* appelé *pistolet*, dont la figure 84 montre un spécimen (*Lebaron*) ; le réservoir à peinture est fixé sur le pistolet tenu à la main, quand il ne s'agit que de petites surfaces à peindre ; mais, pour les grands emplois, le réservoir de peinture est posé à terre, comme figure 85 ; l'air comprimé par une pompe à main ou par un compresseur à moteur, ou fourni par une canalisation publique, arrive au pistolet, de même que la peinture, par des *tuyaux en caoutchouc*.

Le *pistolet* donne d'excellents résultats pour la décoration au pochoir, la dorure et le bronzage par poudres.

Pression d'air nécessaire. — La pression de l'air nécessaire varie suivant la peinture ou le liquide à pulvériser.

En principe, plus le liquide est fluide, et moins la pression doit être élevée.

Une pression de 1 kilogramme suffit pour les vernis à l'alcool, liquides désinfectants ;

Une pression de 1 kgr. 5 suffit pour les vernis légers ;

Une pression de 2 à 3 kilogrammes suffit pour les peintures fluides ;

Une pression de 3 à 4 kilogrammes suffit pour les peintures épaisses, le goudron, les enduits de ciment.

Pour une même buse, la forme du jet dépend beaucoup de la pression de l'air. Si, par suite de variation de cette pression, la pulvérisation devient moins bonne, il faut régler le jet en dévissant plus ou moins la buse extérieure.

Peinture ou liquide à pulvériser. — Il faut n'employer que des peintures renfermant des produits très bien broyés et les *filtrer* avant de remplir le godet ou le réservoir.

L'ajutage de sortie du liquide est très petit, il est donc indispensable d'éviter de l'obstruer, et pour cela le liquide ne doit contenir aucune particule solide. N'employer que des caoutchoucs propres et non usés pour les arrivées du liquide et de l'air. Souvent des particules de caoutchouc bouchent l'orifice en question et empêchent le fonctionnement de l'appareil.

Lorsque cet accident arrive, il faut démonter l'appareil et le déboucher en faisant des chasses d'air comprimé. Ne jamais essayer de gratter les buses avec des tiges métalliques, la moindre bavure modifie la forme du jet.

Nettoyage de l'appareil. — Lorsque le pulvérisateur vient de fonctionner avec de la peinture, ou avec tout liquide séchant vite, il faut le nettoyer de suite, sous peine de passer ensuite beaucoup trop de temps pour faire ce nettoyage. Un bon moyen consiste à employer, à la fin de l'opération, de l'essence ou de l'alcool comme liquide à pulvériser. Ensuite le pulvérisateur doit être plongé dans l'essence, puis essuyé, et les tiges de commande doivent être légèrement huilées.

Il ne faut pas démonter trop souvent les pulvérisateurs en raison de la petitesse des garnitures des presse-étoupes qui sont assez délicates.

Enduits de ciment. — Un mélange *sec* de ciment et de sable est entraîné par la vitesse de l'air comprimé et sort par une *buse* dans laquelle arrive un jet d'eau convenablement réglé ; le mortier se forme donc dans cette buse et est projeté immédiatement sur les surfaces à enduire.

Principales applications. — Enduits rapides de sous-sol, de tunnels, galeries, etc., en vue d'obtenir l'étanchéité et d'arrêter les infiltrations ;

Enduits dans la construction d'immeubles de toute nature, enduits étanches pour terrasses ;

Application sur treillage métallique pour l'exécution de parois minces en ciment armé.

L'appareil peut fonctionner avec des buses augmentant le débit d'eau pour faire rapidement les enduits très minces exécutés généralement au balai ou à la brosse.

Son rendement dans ce dernier travail est au moins dix fois supérieur à celui du travail à la main.

On l'emploie comme *sableuse*, chargé de *sable sec* pour le décapage rapide des vieilles maçonneries ou des surfaces métalliques, soit avant l'application de l'enduit, soit pour obtenir un simple ravalement.

Economies réalisées. — L'emploi des pistolets et pulvérisateurs fait réaliser une économie de 30 à 50 p. 100 sur l'ancien mode de peinture au pinceau ; cette économie provient d'une moins grande quantité de peinture employée et de la différence considérable de temps nécessaire à l'exécution du travail ; en fixant le pulvérisateur à une *longue perche creuse*, on évite le travail à l'échelle.

Caractéristiques des appareils à peindre :

Diamètre de la buse	Pression de l'air	Dépense d'air libre par minute	Surface couverte par minute
1 mm. 5	1 kgr. 750	1.500 lit.	0 m² 50
2 mm. 5	2 kgr. 500	3.000 —	1 —
3 mm. 5	3 kgr. 250	5.000 —	2 —

Le guipon ou pinceau pour bateaux. — Ce pinceau, très commode pour les grands travaux, est une sorte de brosse adaptée au bout d'un long manche. On peut encore le constituer par un pinceau, ou brosse de peintre ficelé et étrésillonné au bout d'un long manche de balai, comme le montre l'une des figures ci-dessous.

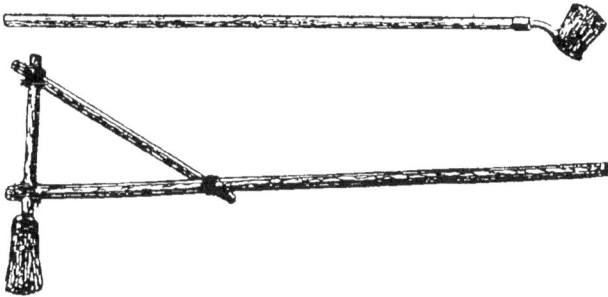

Fig. 86

TABLE DES MATIÈRES

Vesoul. — Imp. Marcel BON. 7-38

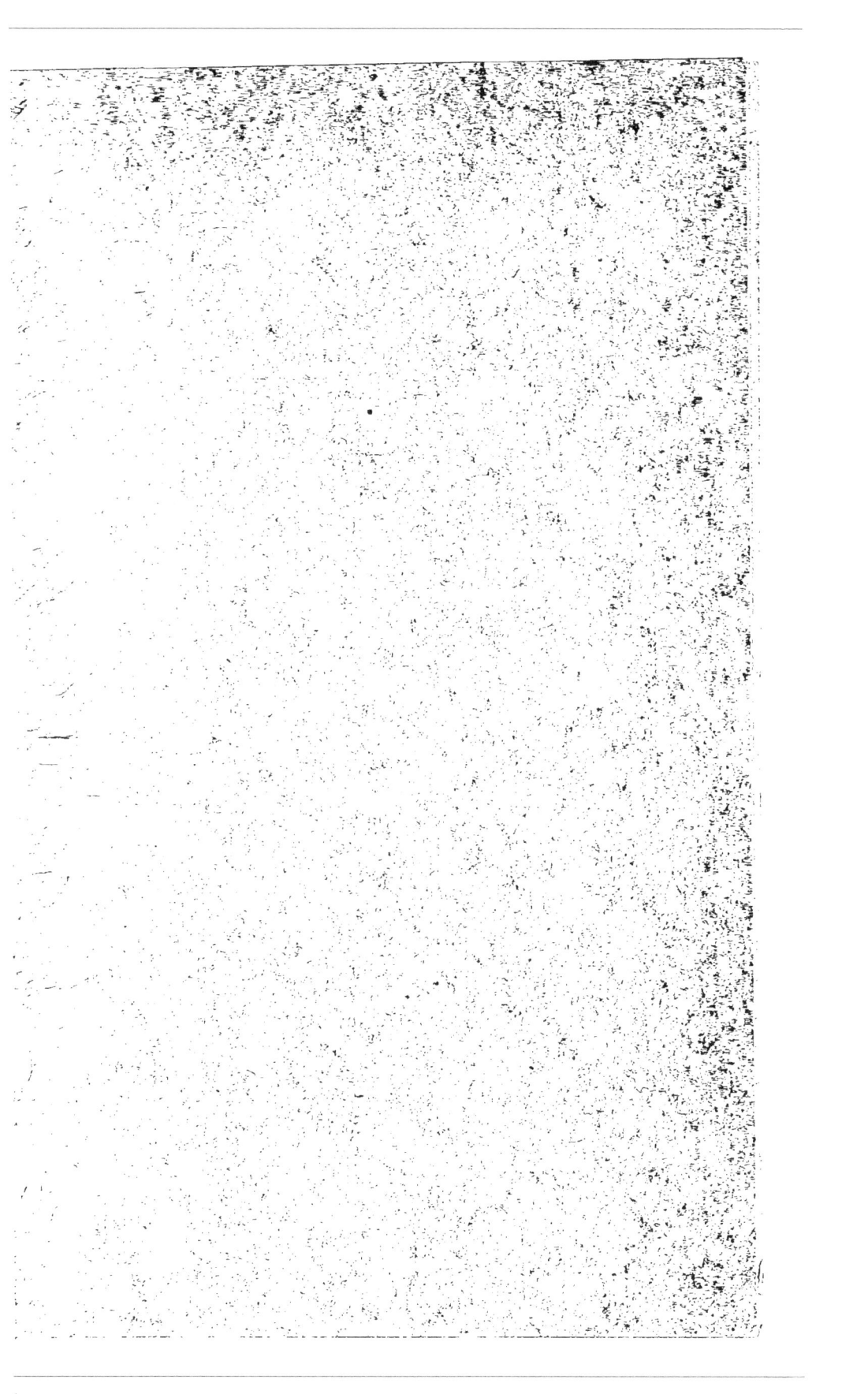

LIBRAIRIE ...

Nouvelle Encyclopédie pratique

du Bâtiment
et de l'Habitation

rédigée par

René CHAMPLY, *Constructeur*

avec le concours d'Architectes et d'Ingénieurs spécialistes

Cette Encyclopédie comprend 15 volumes
avec nombreuses figures

Chaque volume, broché .... 12 »
La collection complète des 15 volumes .... 165 »

Nomenclature des Ouvrages de la Collection

1ᵉ *volume* : Choix des terrains. Arpentage. Nivellement. Terrassements. Sondages. Fondations. 3ᵉ *édition*.

2ᵉ *volume* : Maçonnerie. Pierres. Brique. Pierres artificielles. Mortiers. Pisé et torchis. 5ᵉ *édition*.

3ᵉ *volume* : Travaux en ciment et béton armés. 5ᵉ *édition*.

4ᵉ *volume* : Charpente en bois et échafaudage. 4ᵉ *édition*.

5ᵉ *volume* : Charpentes métalliques. 3ᵉ *édition*.

6ᵉ *volume* : Couverture des bâtiments. 3ᵉ *édition*.

7ᵉ *volume* : Menuiserie. 3ᵉ *éd.*

8ᵉ *volume* : Serrurerie. Fermetures en fer. Stores et bannes. Serres. 3ᵉ *édition*.

9ᵉ *volume* : Pavages et carrelages. Plafonds. Enduits et revêtements. Peintures et vernis. 4ᵉ *édition*.

10ᵉ *volume* : Vitrerie. Marbrerie. Chauffage et ventilation. 2ᵉ *édition*.

11ᵉ *volume* : Éclairage public et privé. Chauffage au gaz, au pétrole et à l'électricité. 2ᵉ *édition*.

12ᵉ *volume* : Plomberie. Eau. Assainissement. Paratonnerres. 3ᵉ *édition*.

13ᵉ *volume* : Salubrité des habitations et des eaux. Sonneries. Téléphones. Fosses septiques. 2ᵉ *édition*.

14ᵉ *volume* : Échelles, escaliers, ascenseurs et monte-charges. 2ᵉ *édition*.

15ᵉ *volume* : Architecture. Plans de maisons et villas. 4ᵉ *édition*.

Ajouter 10% pour frais d'envoi

www.ingramcontent.com/pod-product-compliance
Lightning Source LLC
Chambersburg PA
CBHW071914200326
41519CB00016B/4605